Points de vue thermodynamiques sur notre quotidien

Sciences et Société

fondée par Alain Fuchs et Dominique Desjeux
et dirigée par Bruno Péquignot

Déjà parus

Xavier MOREAU, *Vieillissement et vulnérabilité, Comment rendre moins difficile le retour de la vulnérabilité*, 2016.
Jacques JAFFELIN, *Où va la civilisation ? Ethique pour un monde humain réconcilié avec ce dont il est issu*, 2015.
Anne CHATEAU et Odile PIQUEREZ, *Le syndrome d'Angelman. Parcours de vie des adultes*, 2015.
Anne CHATEAU, *Le syndrome d'Angelman. Regard sur une maladie neurogénétique rare*, 2013.
Laurence BRIOIS VILMONT, *L'imagerie médicale. La fabrique d'un nouveau malade imaginaire*, 2013.
Olivier NKULU KABAMBA, *L'assistance médicalisée pour mourir. Les soignants face à l'humanisation de la mort*, 2013.
Jean-Pierre BENEZECH, *Une éthique pour le malade. Pour dépasser les concepts d'autonomie et de vulnérabilité*, 2013.
Suzy COLLIN-ZAHN et Christiane VILAIN, *Quelle est notre place dans l'univers ? Dialogues sur la cosmologie moderne*, 2012.
Blanchard MAKANGA, *Nature, technosciences et rationalité. Le triptyque du bon sens*, 2012.
Béatrice GRANDORDY, *Charles Darwin et « l'évolution » dans les arts plastiques de 1859-1914*, 2012.
Ali RECHAM, *De la dialyse à la greffe. De l'hybridité immunologique à l'hybridité sociale*, 2012.
Simon BYL, *La médecine à l'époque hellénistique et romaine. Gallien. La survie d'Hippocrate et des autres médecins de l'Antiquité*, 2011.
Simon BYL, *De la médecine magique et religieuse à la médecine rationnelle. Hippocrate*, 2011.
Raymond MICOULAUT, *Le Temps, L'Espace, La Lumière*, 2011.
S. CRAIPEAU, G. DUBEY, P. MUSSO, B. PAULRÉ, *La connaissance dans les sociétés techniciennes*, 2009.
François LAROSE et Alain JAILLET, *Le numérique dans l'enseignement et la formation. Analyses, traces et usages*, 2009.
Martine QUINIO BENAMO, *Probabilités et statistique aujourd'hui. Nouvelle édition 2009*, 2009.
Sezin TOPÇU, Cécile CUNY, Kathia SERRANO-VELARDE (dir), *Savoirs en débat. Perspectives franco-allemandes*, 2008.

Gérard ALLAN

Points de vue thermodynamiques sur notre quotidien

Société et thermodynamique

L'Harmattan

5-7, rue de l'Ecole-Polytechnique, 75005 Paris

http://www.harmattan.fr
diffusion.harmattan@wanadoo.fr

ISBN : 978-2-343-09991-0
EAN : 9782343099910

Avant-propos

La séparation, voire l'opposition entre sciences dures et sciences molles est encore bien présente dans les esprits, dans la culture et dans les institutions. L'alliance entre la physique et la sociologie apparaît comme contre-nature. Et pourtant, depuis bien longtemps, les physiciens et les sociologues se disent qu'ils ont beaucoup de choses en commun.

Auguste Comte (1798-1857), considéré comme le père de la sociologie, de la nouvelle sociologie, a introduit un état d'esprit et une volonté de rationalisation scientifiques, si bien que le terme « physique sociale » a été employé à l'époque.
Depuis 1995 environ, grâce à quelques revues de physique, la bibliographie de la sociologie s'est élargie à de nouveaux domaines comme la socio-physique, la thermo-sociologie, qui annoncent une pluridisciplinarité, une alliance qui était jusque là inexistante.

Il y a deux aspects bien particuliers dans ces disciplines émergentes : d'une part l'état d'esprit scientifique et d'autre part les parallèles avec cette partie de la physique qu'est la thermodynamique. Depuis bien longtemps, les similitudes, les analogies sont dans les esprits de ceux qui connaissent cette branche et qui baignent tout naturellement dans le milieu social. L'existence de termes ou expressions du vocabulaire courant comme contrainte, chaleur humaine, température qui monte… qui ont une signification analogue en thermo et en relations sociales, sont des témoignages inconscients de cette dualité. Mais le cloisonnement culturel a interdit dans le passé d'aller plus loin que ces considérations superficielles.

Pourquoi la thermodynamique est-elle une source d'inspirations en sociologie, en économie, dans les sciences du vivant ? C'est à cause de son caractère quasi universel, de sa capacité à prendre en compte de multiples facteurs, de multiples effets. Elle est capable de fournir des modèles explicatifs de toutes sortes de comportements de la matière dans tous ses états, des milieux purs aux mélanges, des milieux continus aux milieux hétérogènes. La cohésion de la matière physique et ses transformations nous amènent à examiner les liaisons entre ses éléments qui sont les molécules ou les atomes, toujours considérés en très grand nombre et jamais individuellement, tout comme Comte considérait que le centre d'intérêt devait être le fonctionnement de la société dans son ensemble et pas l'homme isolé. C'est cette notion d'attachements en physique qui est généralisée dans la théorie des attachements en société.

Les traits communs à la thermodynamique et à la sociologie sont essentiellement le foisonnement des situations, la grande diversité, le grand nombre de configurations entre les éléments. L'ensemble de toutes les configurations possibles fait intervenir toutes les variétés de toutes les caractéristiques des éléments. Dans cet espace des caractéristiques, chaque configuration d'un ensemble se décrit par les positions relatives des éléments. Les variations de positions sont, par généralisation de cette notion, des déformations ou des évolutions, les fluctuations de ces positions sont un indicateur de la température, et leurs limitations d'origine extérieure au milieu sont dues à des pressions ou des contraintes. Toutes les autres grandeurs de la thermodynamique sont repensées et élargies pour s'adapter à d'autres domaines. Il apparaît alors que le premier principe de la thermodynamique peut être généralisé et constitue une règle quasi universelle des évolutions. Ce travail est largement exposé dans mon ouvrage « Théorie des attachements. Sociologie et thermodynamique » aux éditions universitaires européennes.

Il ne faut pas attendre de la thermodynamique qu'elle apporte des règles de fonctionnement social par simple transposition aveugle de ses lois. Il faut considérer chaque question sociale en s'inspirant de la thermodynamique. Plus précisément, il faut adopter la démarche suivante : observer minutieusement la matière sociale concernée, sa composition, ses limites, son extérieur, et définir le problème social à étudier. Puis, essayer de discerner dans ce problème une généralisation des grandeurs physiques, en faisant preuve à la fois d'imagination et de rigueur. Ensuite, ce travail suggère des pistes, donne des inspirations pour élaborer un ou plusieurs modèles explicatifs. Enfin, le retour aux observations permet de décider du système explicatif le plus cohérent.

Le présent ouvrage est d'inspiration, le mot est important, thermodynamique. Il comporte plusieurs articles indépendants sur l'exercice de la raison vu comme le résultat d'un attachement, sur la règle de l'énergie d'évolution minimale, sur les situations d'équilibre et d'évolutions virtuelles, sur le phénomène de concentration des évolutions irréversibles, sur la cinétique des évolutions diffusives, sur les diagrammes de cohabitations, entre ségrégations et intégrations, etc. Chaque exposé commence par une présentation de l'aspect thermomécanique du domaine physicien qui va servir de germe pour une généralisation.

Les connaissances requises sont celles de la thermodynamique classique et de la mécanique des matériaux (élasticité, plasticité) élémentaires, de niveau bac + 3 ou 4. Il est indispensable que le lecteur soit imprégné de la vision généralisée des phénomènes physiques et sociaux.

Les inspirations thermodynamiques peuvent être très variées et concerner de multiples cas d'études, chacun peut s'y essayer. Elles n'ont pour but que de suggérer des systèmes explicatifs, elles constituent un exercice où l'imagination et la rigueur doivent aller de pair.

L'auteur. Avril 2015.

« One of the principal objects of theoretical research is to find the point of view from which the subject appears in the greatest simplicity ».
(J.W.Gibbs , chimiste, 1881)

« C'est pourquoi il n'est pas inutile de témoigner de l'existence de la sociologie à ambition scientifique et de montrer que ses productions peuvent se targuer d'expliquer les phénomènes sociaux, exactement au sens où la biologie explique les phénomènes de la vie. »
(R. Boudon, La sociologie comme science, La découverte, Paris, 2010)

Sommaire

Sommaire

Introduction
Théorie des attachements.
Fondamentaux et développements.

La théorie des attachements met en place une vision thermodynamique des attachements en milieux sociaux, qui est une généralisation des attachements dans les matières physiques.

Le terme attachement doit être précisé : il y a attachement entre deux ensembles d'éléments lorsqu'il y a mise en commun d'une partie de leur entité, dans le but d'augmenter leur satisfaction, c'est-à-dire de diminuer leur énergie de Gibbs. Les attachements sont très variés : entre les agriculteurs et leurs récoltes, entre les juges et le respect des lois, entre la tenue vestimentaire des individus et leur image en société, entre les individus et les biens de consommation, etc.

Dans le précédent ouvrage(1), l'étude de la faisabilité de certains attachements forcés, inspirée du premier principe de la thermodynamique, a été au centre des analyses. Cette inspiration est suggérée par l'observation de la matière physique, de ses transformations, de ses comportements, de ses paramètres influents.
Dans ce second ouvrage, c'est la possibilité d'étendre quelques propriétés de la thermodynamique des matériaux au domaine social qui est abordée, comme par exemple le passage de la réalisation d'alliages à la ségrégation ou à l'intégration des populations, comme le passage de la concentration des évolutions irréversibles dans un milieu 2D à un manque de solidarité dans des milieux pauvres en liens sociaux, etc.
Dans ces deux ouvrages, il y a un point commun qui est la manière d'observer les milieux sociaux. Ce point de vue est fondamental, il faut s'en imprégner pour accompagner les divers développements. Il

consiste à définir les bases, le décor dans lequel les différents concepts vont s'articuler pour constituer l'architecture sociale. La source d'inspiration vient de la connaissance de l'architecture de la matière physique, mais elle n'est qu'une source d'inspiration, il ne s'agit pas, avec des considérations superficielles et mal définies, de copier-coller la physique sur le social ; le bien fondé des concepts et de leurs articulations doivent être repensés et adaptés aux milieux sociaux.
L'importance capitale des fondements de la théorie des attachements doit être soulignée en rappelant brièvement, dans cette introduction, la définition des notions de base. Ces fondements sont évidemment plus amplement développés dans l'ouvrage de G. Allan. [1]

La matière généralisée est constituée de deux ensembles d'éléments, les Ai et les Bj, candidats aux attachements. Elle est « vivante », en perpétuelle évolution, les éléments sont constamment à la recherche de meilleurs attachements, ceux qui minimisent les énergies d'interactions et l'énergie de Gibbs.

L'espace d'une matière généralisée est le domaine couvert par l'ensemble des configurations des éléments, réelles et imaginables au cours des évolutions. Ces configurations sont décrites par certains critères en nombre nécessaire et suffisant, de façon à constituer une base de description.
Les positions relatives des éléments sont définies par les écarts des critères qui caractérisent ces éléments.
Un volume est un sous-ensemble de la matière, défini à un instant donné par le nombre d'éléments, leurs positions relatives, le nombre d'attachements, leurs constitutions (pourcentage d'isolés, de couples, de triplets,…).
La configuration d'un volume est une photo, à un instant donné des positions relatives réelles entre les éléments a_i et b_j ou leurs représentants Ai et Bj.
La température ou la vitalité d'un volume est un indicateur de l'agitation, des fluctuations de positions relatives entre éléments liés ou non.
La pression subie par un volume est une action autoritaire extérieure qui modifie l'amplitude des écarts de positions relatives dans le volume.

---

[1] G. Allan, Théorie des attachements. Sociologie et thermodynamique, Ed. univ. européennes.

Il est utile de préciser ce que recouvrent ces notions dans un exemple où la matière généralisée est constituée des individus (les Ai) et de leurs voitures (les Bj).
Les Ai sont toutes sortes d'individus, jeunes, âgés, fortunés ou non, en Alsace ou en Inde.... et les Bj sont toutes les sortes de voitures de différentes couleurs, formes, marques, plus ou moins puissantes, confortables, écologiques...
L'espace de cette matière est l'ensemble des tous les attachements imaginables Ai-Bj.
On réduit ce très vaste espace en considérant un volume, celui des franciliens de18 à 50 ans, ou des filles de 18 à 20 ans, et leurs voitures en 1960 ou en 2010.
Dans un volume, on définit des représentants A1, A2....B1, B2... qui sont des sous-ensembles définis par des critères communs en nombre limité (2 ou 3) qui, si possible, ne doivent pas fluctuer ni varier de manière trop marquée au cours d'évolutions, la composition de ces sous-ensembles doit pouvoir être considérée homogène et constante, sinon il faut réactualiser leur définition.
Ces critères définissant les sous-ensembles peuvent être une fourchette d'âges, la situation géographique, un profil socioculturel, etc.

Les positions relatives des éléments dans les sous-ensembles Ai et Bi se définissent d'abord en recherchant les critères qui caractérisent les éléments ; pour les individus, ce sont l'âge, les revenus, la situation de famille, le désir de puissance, le désir de raffinement, ces critères fluctuant modérément au cours du temps.
Pour définir les écarts de positions entre éléments, il faut quantifier les critères qui les caractérisent par un chiffre entre 1 et 5 par exemple, ou par la valeur directe de la caractéristique âge ou revenu. Par exemple dans A1 qui désigne les franciliens du 1er et du 2ème arrondissement, on caractérise par âge = 2, revenus = 5, désir de raffinement = 3, etc. Dans A2 qui désigne les automobilistes de l'ouest parisien, âge = 3, revenus = 4, désir de puissance = 2. Dans B4 qui désigne les voitures entre 15000 et 20000€ les caractéristiques sont consommation = 2, confort = 4, familiale = 5, etc.

Les fluctuations des positions entre éléments dues à la température sont un phénomène très important. Dans A1, l'âge et le revenu ne fluctuent pas ou très peu, mais les désirs de puissance ou de raffinement ou de voiture familiale peuvent changer en fonction de

l'apparition de nouveaux véhicules, en fonction des discussions au café du commerce ou de la revue automobile, et les valeurs de certains critères changent ; et par exemple l'attachement A1-B7 peut se défaire et devenir A1-B2.
La pression sur le volume est due aux actions autoritaires telles que la taxation des voitures non écolo, des diesels, des voitures de la marque X, ou, à l'opposé, elle est due à des faveurs fiscales. Une pression faible peut correspondre à des actions incitatrices comme des images véhiculées par la publicité. On considère que ces actions s'exercent de manière uniforme sur les couples Ai-Bj, même si elles sont ressenties différemment par les Ai.

Ce bref aperçu montre que la théorie des attachements met en place des grandeurs et des notions qui présentent une continuité évidente avec leurs homologues de la physique, et qui ne trahissent pas la réalité sociale par un souci de similitude forcée entre les deux domaines. En effet, on comprend que l'augmentation de température dans un milieu social augmente son volume par augmentation de la fréquence des fluctuations des positions relatives physiques ou mentales, et par augmentation de leurs écarts. De même on comprend le rôle de la pression sur un ensemble d'éléments et la réduction de son volume par réduction de ses fluctuations. On comprend aussi pourquoi la température joue le rôle de la motivation du milieu pour trouver des solutions d'attachements parmi le nombre de configurations possibles, et pourquoi cela abaisse l'énergie de Gibbs mise en jeu dans une transformation des attachements.

En fait, c'est la définition même de ces grandeurs qui amène toutes ces relations entre elles, ces grandeurs ont une valeur qui semble universelle.
On constate qu'il existe deux jeux de grandeurs et de concepts, l'un en physique et l'autre défini pour les milieux sociaux. La signification de ces grandeurs présente des similitudes, des analogies, et les réseaux de relations entre elles, dans leurs domaines respectifs, présentent également des ressemblances. En multipliant les exemples et les études de cas, on constate qu'une transposition réfléchie et adaptée de la physique vers le social est une méthode qui éclaire la complexité des phénomènes sociaux. Cette méthode nécessite une gymnastique de l'esprit d'analyse qui consiste à penser simultanément les problèmes sous les aspects physicien et sociologique.

C'est pourquoi cet ouvrage aborde dix thèmes sociaux en commençant toujours par la présentation du ou des thèmes analogues en physique, afin que ce point de vue serve de germe à une compréhension éclairée puis à une modélisation du problème de société envisagé. Cette méthode aboutit en général à des systèmes explicatifs cohérents, au prix d'une complexité plus ou moins grande.
L'alliance entre la physique classique et la sociologie doit être appréciée avec sérénité et objectivité, en oubliant les cloisonnements dus à l'histoire de leurs développements.

1. Raisons et attachements

On montre ici que l'exercice de la raison dans le but de décider d'une action dans un contexte donné, est une recherche d'attachements entre le juge de la situation et son système de raisons qui s'appuie sur son système de valeurs. Les analyses de l'exercice de la raison montrent que la diversité des valeurs portées par les individus est très vaste, et qu'une clarification, une structuration peut être apportée par la théorie des attachements [4], inspirée de la thermodynamique.

I. RAISONS, RAISON ET RATIONALITE

La bibliographie sur la raison et la rationalité est très abondante. On n'évoque ici que deux approches à caractère scientifique, plus récentes.

I. 1. D'après Raymond Boudon ([1], [3]), la raison est la faculté qui permet à l'homme de concevoir des représentations fondées du réel, de le guider dans ses choix d'actions.
La rationalité est l'étude de la logique des comportements humains dans un esprit scientifique, et son domaine englobe les théories de la décision, la psychologie cognitive, l'économie, et aussi, plus généralement, les stratégies d'actions au niveau individuel (l'individu face à lui-même), au niveau collectif (avec interactions entre plusieurs décideurs), et au niveau des institutions. Les explications du comportement humain sont de deux types : type rationnel pour atteindre un désir, un objectif, mais elles peuvent être aussi de typa a-rationnel lorsque le comportement est dû à des forces incontrôlées.

La théorie du choix rationnel (TCR) repose sur trois postulats : postulat de l'individualisme : les faits, les comportements individuels sont responsables des phénomènes sociaux ; postulat de la compréhension : comprendre, reconstruire le cheminement de l'individu qui l'a amené à telle action ; postulat de la rationalité : l'individu adopte un comportement parce qu'il a des raisons de le faire, même s'il n'est pas bien conscient de ses actes (aveuglement par excès de haine ou d'amour, état euphorique, etc).

Quelques exemples des conséquences de la TCR sont relatés : l'état de l'agriculture en Angleterre et en France au 18ème siècle (pourquoi les performances sont-elles si différentes ?), consommateurs de grains en France et producteurs en Angleterre (pourquoi cette différence de stratégie ?), comment en démocratie un petit groupe organisé arrive-t-il à imposer ses choix à un grand groupe ? La TCR fait parfois apparaître des paradoxes : paradoxe du vote : pourquoi voter alors qu'un vote n'a quasiment aucun effet sur le résultat ? Paradoxe du manque de réaction en Europe contre la corruption qui est un délit…etc.

La TCR ne peut tout expliquer. On reconnaît trois cas d'échecs : lorsque l'individu s'appuie sur des croyances non triviales (liées à des rites), lorsque les croyances sont prescriptives, lorsqu'elles n'ont pas de conséquences sur le choix, et lorsque les croyances sont basées sur l'opinion particulière de l'individu.

Une autre approche est celle de la théorie de la rationalité ordinaire (TRO) qui se définit ainsi : un individu adhère à un objectif, une valeur, une opération X si X est la conséquence d'un système de raisons S complètement accepté par l'individu, et s'il n'existe pas d'autre système de raisons S' qui l'amènerait à adhérer à X' plutôt qu'à X. Cette adhésion est la conséquence de la rationalité ordinaire, elle est autosuffisante, elle est sa propre justification.

Mais le système de raisons peut parfois être défectueux, et il se peut que l'individu s'en aperçoive, ce qui l'amène à revoir ses croyances. Une croyance se fonde sur des raisons factuelles (issues des faits réels) et d'autres se fondent sur des principes qui sont admis, non démontrables (comme en toute science).

Existe–t-il une similitude entre une pensée scientifique et une pensée ordinaire ? Pourquoi la RO ne s'appliquerait-elle pas à la vie de tous les jours ? Pour deux raisons : parce qu'elle varie d'un contexte à

l'autre *, alors que les croyances scientifiques sont universelles, et parce que le positivisme a implanté l'idée d'une discontinuité entre ces deux types de pensées. Mais les avis sont partagés sur l'existence d'une discontinuité. * L'auteur considère implicitement qu'il n'y aurait qu'un système de raisons pour les situations ordinaires.
Les croyances religieuses sont les produits de la RO, elles ne seraient que des illusions, elles seraient a-rationnelles, mais les croyants ont des raisons de croire (on joue sur les mots). Plusieurs thèmes sont abordés dans la bibliographie : les croyances aux miracles, les croyance à l'existence de l'âme, les croyances aux rites magiques (pour implorer la pluie), les croyances monothéistes qui ne conviennent pas aux paysans car ils ont besoin de plusieurs dieux pour implorer leur bienveillance pour leurs récoltes (néanmoins ils acceptent le christianisme car cette religion permet de s'en remettre à des saints), tandis que les fonctionnaires et les militaires sont en accord avec le monothéisme qui est à l'image de leur hiérarchie, etc.

I. 2. Jon Elster [2] développe une approche analytique des comportements humains.
Les raisons, les moteurs de l'action sont les désirs et les croyances. La notion de désir est très élastique, du désir capricieux à la nécessité vitale, et il en est de même pour les croyances qui peuvent être faibles, comme une intime conviction, un préjugé, ou très fortes comme la croyance chez certains fanatiques religieux.

Les désirs comprennent les préférences substantielles (matérielles,....) et formelles (posture, attitude à adopter,...). La réalisation des désirs augmente la satisfaction, et on peut les hiérarchiser en leur attribuant une valeur fonction de leur intensité. La réalisation des désirs peut parfois être impossible, la seule force de la volonté ne suffit pas toujours à atteindre un désir (dominer son insomnie), même si l'individu envisage deux actions, la première, indirecte, ayant pour but de préparer la seconde (prendre un somnifère pour dominer l'insomnie, ou trouver ses lunettes pour trouver ses clés). Mais l'individu rationnel refuse de faire en deux actions ce qu'il peut faire en une seule. La volonté peut parfois s'opposer aux désirs dans le cas où elle se manifeste contre la totalité des désirs sous l'influence de l'un d'entre eux.

Les croyances sont souvent entourées d'une zone d'incertitude. Pour que l'action qui va se décider soit rationnelle, il faut que les croyances soient bien fondées, basées sur des informations complètes, non déformées par les motivations de l'individu.
Les émotions interviennent aussi dans le choix d'une stratégie d'action, par les plaisirs et les peines pressentis en fonction de telle action. Le désir dominant surgit souvent à partir d'une émotion forte et soudaine. L'urgence des émotions induit une préférence pour l'action immédiate plutôt que pour une action différée.
L'auteur considère que les motivations se manifestent en amont des désirs. On distingue trois types de motivations : la raison (d'après le système de valeurs de l'individu), la passion (les émotions, la folie, l'ivresse), et l'intérêt (avantages matériels ou humains). Il existe dans toute société, une hiérarchie des motivations (par exemple, d'abord le patriotisme, puis la vengeance de l'homme bafoué, le désir sexuel, l'ivresse, l'envie…)
L'auteur développe ensuite des discussions sur le rôle de la hiérarchie des motivations dans l'hypocrisie de nombre de débats publics, de discussions dans les cas où on s'efforce de justifier par la raison des actions intéressées…

II. GRANDE DIVERSITE DES SYSTEMES DE RAISONS

Toute la bibliographie propose la même définition de la raison : c'est la faculté qui permet à l'homme de connaître, de juger, de déterminer sa conduite d'après sa connaissance du contexte dans lequel il se trouve.

Sa conduite se manifeste par une ou des actions, celles-ci pouvant revêtir des formes extrêmement variées, des plus visibles comme des attitudes, des paroles, des écrits…aux plus discrètes comme des pensées que l'individu garde pour lui.
Un système de raisons est un ensemble cohérent d'arguments, élaboré par le décideur avant d'adopter la conduite la mieux adaptée à la situation.
On envisage aisément toute la variété des systèmes de raisons, d'une part individuelles, ou collectives lorsqu'elles parviennent à émerger avec une certaine uniformité, mais aussi la ou les raisons relatives à une certaine culture, à telle religion, relative à une certaine époque, et

de manière générale relative à tel système de valeurs. S'il existait une raison universelle, absolue, qui s'appellerait La raison, elle serait le dénominateur commun à toutes les variétés de raisons. Mais cette définition devrait englober une si vaste variété que cela rendrait cet exercice impossible, et il faudrait se contenter de restrictions comme La raison au siècle des lumières, La raison dans la religion musulmane, La raison chez les aborigènes, etc.
La raison est une faculté qui est nourrie par l'expérience, par l'éducation, par les informations, par les croyances, par les désirs, les émotions individuelles ou collectives.
L'exercice de la raison individuelle ou collective, consiste à tenir compte de tous ces facteurs, et à essayer d'un dégager une sorte de résultante qui va aboutir à une forme d'action. Mais l'exercice de la raison est-il nécessaire avant toute action ? La réponse est négative, comme le suggèrent de nombreux exemples d'actions résultant des seules émotions.
La rationalité est une science de l'action qui tente d'expliquer ou de déterminer les conduites à tenir dans les domaines sociaux, psychologiques, voire économiques, même lorsque des indéterminations sont présentes.

III. L'EXERCICE DE LA RAISON VU COMME LA RECHERCHE D'ATTACHEMENTS

Dans un contexte donné, la réflexion préalable à une action consiste à rechercher, à rassembler tous les arguments susceptibles de construire cette réflexion, puis à faire le choix de l'action la mieux adaptée.
On peut considérer que cet exercice est une recherche d'attachement entre les valeurs sociales, religieuses, politiques et autres qui habitent le ou les décideurs de la situation, et les caractéristiques du choix de l'action.
L'ensemble des valeurs portées par les individus est très vaste : respect des lois, des règles, des usages, des superstitions, de toutes sortes de personnes, de la propriété, de la nature, et aussi, droiture, sincérité, affabilité, générosité, fraternité, solidarité, égalité, équité, …
Parmi ces valeurs, il faut espérer que le souci du bien est toujours présent, mais d'un autre côté il ne faut pas oublier toutes les valeurs contraires, les valeurs n'étant pas toutes vertueuses.

Un système de valeurs est propre à chaque individu et relatif à un certain contexte dans lequel il est appelé, et il doit être cohérent : on ne peut prôner le respect de toutes les cultures et s'opposer à une exposition sur les arts mongols.

La recherche du meilleur choix s'apparente à la recherche, pour tout système naturel, matériel ou humain, du maximum de satisfaction ou, ce qui est équivalent, du minimum de l'énergie de Gibbs en thermodynamique généralisée [4].
Plus précisément, avant d'exercer son jugement, l'individu est déjà attaché à ses valeurs qui proviennent de son éducation. Il doit rassembler des informations relatives au contexte dans lequel il doit agir, compter avec ses émotions et/ou avec celles des autres, tenir compte des croyances, des désirs parfois contradictoires.
Sur ce terrain très encombré, il doit classer, hiérarchiser les arguments, voire décider d'en ignorer certains. Ces arguments ne modifient pas le système des valeurs fondamentales qui l'habitent. L'exercice de la raison consiste d'abord à choisir celles qui doivent intervenir dans le contexte où il faut décider d'une action.

Pour reprendre les termes de la théorie des attachements, la matière généralisée est constituée d'une part des valeurs fondamentales auxquelles les décideurs qui doivent souvent représenter une population d'individus sont attachés, et d'autre part des paramètres, des caractéristiques du ou des choix envisagés. Ces valeurs constituent un système de référence adapté au contexte ; ce sont par exemple des valeurs humaines orientées par le souci du bien public, ou des valeurs économiques orientées par les performances commerciales.
Certaines de ces valeurs imposent des choix de manière incontournable, autoritaire ou imposent des choix à éviter impérativement, d'autres nécessitent plus de nuances, comme les valeurs liées aux croyances ou aux émotions.
Le choix final doit avoir envisagé toutes les configurations possibles entre les valeurs du décideur et les caractéristiques de l'action choisie, avec une forte motivation dans cette recherche.
En théorie des attachements [4], ces notions sont des formes particulières, respectivement, du travail (ΔW) des actions extérieures à la sphère de réflexion du décideur, et de sa capacité d'adaptation (produit $T.\Delta S$ de la motivation par l'accroissement du nombre de

configurations explorées) au problème qui lui est posé. On peut aussi faire appel à la notion d'enthalpie H comme dans l'exemple ci-après. Dans notre vie quotidienne, dans l'actualité politique, économique, les exemples de décisions sont très nombreux, et chacun constate que les choix d'actions pour répondre à telle évolution, sont très variés, et que les avis sur la pertinence des choix sont souvent divergents…

IV. ENCHAINEMENT DES FACTEURS DE LA DECISION

La bibliographie concernant l'approche analytique du « fonctionnement » des divers systèmes de raisons montre que le choix des termes est très important, et plus encore leurs définitions, et il faut se méfier des définitions plus ou moins propres à chacun, car celles-ci ne coïncident pas en général, et la confusion s'installe dans les débats.
Tout individu, ne serait-ce que dans sa vie quotidienne, a déjà été juge puis décideur d'une action ; les termes individu, juge, décideur désignent trois stades, trois rôles de la même personne dans le processus de choix d'une action.

Il semble opportun de tenter une clarification et une classification des termes comme désirs, volontés, motivations, croyances, émotions, etc.. Certains considèrent qu'un désir d'action peut être considéré plus fort qu'un souhait, et moins puissant qu'une volonté d'action.
Un fil directeur d'une classification apparaît lorsque l'on s'interroge sur l'origine des facteurs intervenant dans l'exercice de la raison : certains proviennent de l'intimité de l'individu, ce sont les désirs faibles, à la limite des caprices, comme des croyances liées à la vie quotidienne, à la famille, à l'école, tandis que certaines émotions propres à chaque individu peuvent ressurgir et constituer de puissants ressorts d'actions.
Au-delà de la sphère intime de l'individu, il faut aussi considérer sa sphère en société où il doit vivre au milieu des convenances, des règles, des interdits, des obligations provenant des autres, ce qui constitue autant d'obstacles durs.

Ainsi, à l'intérieur du décideur, si on peut s'exprimer ainsi, il faut distinguer sa sphère intime, constituée de souvenirs, d'habitudes, d'émotions faibles ou fortes, apparues depuis son enfance (visions ou vécus de violences, de souffrances, de tendresse…) et à partir desquels

s'est construite sa sensibilité intrinsèque, quasiment indélébile, et sa sphère environnementale qui est relative au contexte, constituée de son extérieur et de toutes les informations, les évènements, l'histoire du contexte, et aussi des comportements des populations concernées par le choix d'une action. Le décideur doit être considéré comme un système de réceptivités, subissant des effets intérieurs dus à sa sensibilité et des effets extérieurs provenant du contexte.
On peut percevoir une chronologie du processus d'exercice de la raison où le (ou les) décideur de la situation est le lieu de convergence de toutes sortes d'informations passées et présentes, puis il est aussi le centre de traitement de ces informations, puis il est le centre de décision d'une action.
Le décideur est également détenteur d'un grand nombre de valeurs morales, sociétales, qu'il doit sélectionner pour ne retenir que celles qui sont en rapport avec le contexte, et qu'il doit hiérarchiser par des procédés de quantification (dans les décisions d'investissements) ou par son jugement.
Son système de raisons est l'enchaînement logique de ses arguments inspirés des faits et de ses réceptivités, en accord avec ses valeurs sélectionnées.

Pour conclure, on peut tenter une schématisation (toujours un peu caricaturale et contestable) de la chronologie de l'enchaînement des facteurs de la décision :

Motivation	→ souhait d'action → volonté d'agir	→ construction de l'action → action
Syst de valeurs	syst de raisons	
Sensibilité	croyances fortes	
Emotions		
Croy. faibles		

Les réceptivités du décideur sont constituées de sa sensibilité intrinsèque, de ses émotions, de croyances faibles, qui lui permettent, avec les faits et les informations de type autoritaire, d'élaborer sa représentation du réel. Les moteurs de sa décision sont ses motivations et son système de valeurs.

V. EXEMPLES

On peut les classer en exemples partiellement quantifiables par opposition à des cas très difficilement quantifiables. Dans la première catégorie, on peut trouver le choix du gagnant au concours hippique, le choix des candidats à recruter, le choix de la meilleure stratégie de production ou de financement, le choix d'une nouvelle organisation d'une entreprise, le choix du tracé d'une route, d'une organisation, le choix de la thérapie la mieux adaptée, etc. Des exemples très difficilement quantifiables sont le choix de la plus belle sculpture de l'exposition, le choix du meilleur cuisinier de la région, le choix du premier prix littéraire, le meilleur choix d'une famille d'accueil pour enfant en errance, etc.

Exemple 1. Achat d'une maison individuelle pour résidence principale, d'une famille de deux adultes et deux enfants que nous désignons par l'acheteur.
Valeurs de l'acheteur sans ordre préférentiel :
V_1 avis des proches,
V_2 confiance dans l'agence et dans le notaire,
V_3 proximité des commodités (écoles, transports, commerces…)
V_4 tranquillité du voisinage,
V_5 montant des charges (chauffage, entretien),
V_6 taxes foncière et d'habitation,
V_7 prix de vente,
V_8 nombre et dispositions des pièces,
V_9 possibilité d'un garage
V_{10} isolation thermique
V_{11} coût des travaux à prévoir et des emprunts
La valeur V_4 est très sensible à des émotions antérieures de l'acheteur qui craint que, avec l'urbanisation poussée, la physionomie du quartier puisse ressembler à cette zone surpeuplée et désagréable où il a vécu dans son enfance. Si les factures de chauffage sont élevées, l'acheteur prévoit de mieux isoler la maison, ce qui atténuerait cet inconvénient. La situation des maisons en vue ne présente pas toujours les commodités souhaitées, mais un peu plus de transports et de marche sont acceptables…
Les valeurs sélectionnées pour ce choix d'une maison individuelle sont finalement
V_3 V_4 V_5 V_6 V_7 V_8 V_9 V_{10} V_{11}

L'acheteur se voit proposer plusieurs maisons parmi lesquelles il ne retient que les maisons désignées par A , B et C. Leurs caractéristiques sont définies d'après les valeurs sélectionnées ; elles sont notées C_{A3} , C_{A4} , C_{A5}, C_{B3} , C_{B4} , etc.
Tranquillité : C_{A4} très calme, C_{B4} un peu bruyant, C_{C4} incertain
Montant annuel des charges chauffage : C_{A5} 1900€ , C_{B5} 1350€ , C_{C5},1250€
Taxes : C_{A6} 5000 € , C_{B6} 3200 €, C_{C6} 3000 €
Prix de vente : C_{A7} 520000 € , C_{B7} 450000 € , C_{C7} 450000 €
Nombre de pièces : C_{A8} séj+3ch. , C_{B8} grd séj+4ch., C_{C8} séj+3ch
Possibilité d'un garage : C_{A9} oui , C_{B9} non , C_{C9} existant

Il faut mettre en regard les valeurs et ces caractéristiques. En s'inspirant de la thermodynamique, la manière dont s'accordent les valeurs et les caractéristiques se désigne par les coefficients d'interactions H_{ij}, par analogie avec les enthalpies de construction d'un assemblage d'éléments i (les valeurs) et j (les caractéristiques) [4]. Il faut aussi tenter de quantifier en valeurs relatives ces H_{ij}. En conservant la signification thermodynamique de H_{ij} qui est une énergie pour réaliser un attachement entre deux éléments, plus H_{ij} est faible, plus cet attachement se fait facilement. On choisit de leur attribuer des valeurs relatives comprises entre 0 et 1. Les définitions des valeurs et des caractéristiques sont évidemment choisies en correspondance, mais une même valeur peut être en relation avec plusieurs caractéristiques, comme dans $H_{V11A7A9A5}$.

$H_{V4A4} = 0$	$H_{V4B4} = 0{,}2$	$H_{V4C4} = 0{,}5$
$H_{V5A5} = 0{,}7$	$H_{V5B5} = 0{,}4$	$H_{V5C5} = 0{,}3$
$H_{V6A6} = 0{,}5$	$H_{V6B6} = 0{,}3$	$H_{V6C6} = 0{,}3$
$H_{V7A7} = 0{,}5$	$H_{V7B7} = 0{,}2$	$H_{V7C7} = 0{,}2$
$H_{V8A8} = 0{,}5$	$H_{V8B8} = 0{,}1$	$H_{V8C8} = 0{,}4$
$H_{V9A9} = 0{,}2$	$H_{V9B9} = 0{,}7$	$H_{V9C9} = 0$
$H_{V10A5} = 0{,}3$	$H_{V10B5} = 0{,}1$	$H_{V10C5} = 0{,}1$
$H_{V11A7A9A5} = 0{,}5$	$H_{V11B7B9B5} = 0{,}2$	$H_{V11C7C9C5} = 0{,}2$

Le dosage des valeurs H_{ij} doit respecter une hiérarchie, un poids relatifs, de ces différents termes.
La "dépense d'énergie" totale pour trouver le meilleur accord entre les valeurs de l'acheteur et les caractéristiques du bien, peut être réduite en recherchant très activement des configurations favorables à un

financement avantageux, à une utilisation plus judicieuse des pièces…Cette réduction se note $(T\Delta S)_{pq}$ comme en thermodynamique
$(T\Delta S)_{V11A5} = 0,3$ pour réduction de la facture de chauffage par des travaux d'isolation avec une entreprise très avantageuse (ne concerne que A)
$(T\Delta S)_{V11A9} = 0.3$ pour la construction à bas coût d'un garage
$(T\Delta S)_{V8C8} = 0,3$ pour la possibilité d'ajouter une chambre à peu de frais
$(T\Delta S)_{V11B6} = 0,2$ pour la possibilité d'obtenir un prêt intéressant pour cette maison B uniquement.
La « dépense d'énergie » finale qui traduit la facilité de mettre en accord les valeurs et les caractéristiques se traduit par, en adoptant la notation de la thermodynamique généralisée : $G = H - (T.S)$.
Cette énergie est l'énergie de Gibbs, et un bon choix fait, universellement et naturellement, tendre sa valeur vers un minimum, ce qui est l'équivalent d'un maximum de satisfaction.
Soit pour le bien A $G_A = \Sigma H_{ijA} - \Sigma(T.S)_A = 3,2 - 0,6 = 2,6$
pour le bien B $G_B = \Sigma H_{ijB} - \Sigma(T.S)_B = 2,2 - 0,3 = 1,9$
pour le bien C $G_C = \Sigma H_{ijC} - \Sigma(T.S)_C = 2,0 - 0,3 = 1,7$

Avec les valeurs de l'acheteur et les caractéristiques des biens retenus ici, le choix raisonné devrait se porter sur la maison C.
Si l'inquiétude de l'acheteur sur la tranquillité de C est très grande, on peut avoir $H_{V4C4} = 0,9$ au lieu de 0,5, et le choix se porte alors sur B.

Cet exemple montre d'une part que la quantification des facteurs intervenant dans le choix fait toujours appel à une part de jugement bien que le problème ait été découpé en quantifications élémentaires, et d'autre part que l'exercice de la raison peut se concevoir comme la réalisation d'un attachement, comme en thermodynamique généralisée.

Exemple 2. Choix de la plus belle sculpture de l'exposition.
Le thème de l'exposition est la diversité de l'homme.
Le thème est très ouvert car il concerne l'homme et il est centré sur sa diversité. Il est très difficile d'identifier des caractéristiques de ce qui est attendu. De plus, le critère d'appréciation est la beauté qui est une notion très difficile à définir. Le juge qui doit décider du premier prix est attentif au respect des règles de l'art, à l'accord de l'œuvre avec le thème, à son harmonie, au choix du matériau, etc. Ces valeurs ou

critères d'appréciation sont très difficiles à quantifier, toute notation ou classement passe par le jugement du décideur.
Il est naturellement tenté de faire appel à des caractéristiques indirectes de l'œuvre, comme la personnalité du sculpteur, sa réputation, les prix qu'il a déjà remportés, l'avis de la communauté artistique… Remarquons que cette énumération suggère des caractéristiques du choix. Mais le critère le plus important est la sensibilité du décideur, l'émotion, les évocations qu'il ressent.

Bibliographie

[1] Raymond Boudon, La rationalité, Que sais-je, Puf.
[2] Jon Elster, Raison et raisons, Collège de France, Fayard.
[3] Raymond Boudon, La sociologie comme science, La Découverte.
[4] Gérard Allan, Théorie des attachements, Sociologie et thermodynamique, Ed. universitaires européennes.

2. Règle de l'énergie d'évolution maximale

En thermomécanique, le principe du travail maximal est à l'origine du théorème de la borne supérieure de l'énergie de déformation (d'évolution) irréversible, très utilisés pour approcher les solutions exactes des problèmes, en se donnant des champs de déplacements (scénarios d'évolution) approchés, bien choisis.
Est-il possible de repenser les grandeurs et les méthodes de ce domaine pour en tirer des indications sur les comportements sociaux ? C'est la question qui est abordée ici, après un bref rappel des variables et lois d'état utilisées en thermodynamique, qui se réduira ici à la thermomécanique. Le lecteur doit avoir de bonnes notions dans ces domaines [2,3], et connaître la théorie des attachements [1].
Un panorama plus complet des différents jeux de variables et de potentiels est donné en annexe 1, et l'établissement du théorème du travail maximal l'est en annexe 2.

I. APPROCHE THERMODYNAMIQUE

I.1. Variables et lois thermodynamiques. [2] [3].

Les notations utilisées sont celles en vigueur en thermodynamique.
Les variables d'état, ou variables thermodynamiques, décrivent l'état d'une population composée d'un grand nombre d'éléments. Ce sont des variables :

- observables : ε , T associées respectivement aux variables σ, s
- internes : $\varepsilon^e, \varepsilon^p$, V_k associées respectivement aux variables $\sigma, -\sigma, A_k$ ($k = 1 \ldots n$, pour écrouissage, endommagement, densité

de dislocations…grandeurs impossibles à voir par des observations directes).
L'« association » de certaines variables repose sur une dualité qui permet, par leur produit, de définir une grandeur qui est un travail ou énergie d'évolution.
Un travail dissipé sur une population d'éléments est une énergie, résultat du produit d'une variable intensive qui modifie la configuration du milieu (qui le déforme), par une variable extensive c'est-à-dire par l'ampleur de cette modification et par la quantité de population concernée.
Les variables intensives, appelées aussi variables forces, sont σ, s , A_k et les variables extensives ou variables flux sont ε, T, V_k.
Les lois d'état ou lois de comportement sont σ, *s* A_k, fonctions des variables flux.

L'association des variables qui met en jeu un travail, peut s'exprimer par un potentiel thermodynamique $\psi(\varepsilon, \varepsilon^e, \varepsilon^p, T, V_k)$ où les indices *e* et *p* signifient élastique et plastique. C'est une grandeur ici homogène à une énergie, fonction des variables flux, dont dérivent les lois d'état. L'allure des lois d'état est donc, avec ρ masse volumique :

$$\underline{\underline{\sigma}} = \rho.\frac{\partial\psi}{\partial\underline{\underline{\varepsilon}}^e} \qquad s = -\frac{\partial\psi}{\partial T} \qquad A_k = \rho.\frac{\partial\psi}{\partial V_k}$$

Ces 3 termes sont les composantes du vecteur $grad\vec{\,}\psi$ qui est, par sa définition, normal à la surface $\psi = 0$.
Ces 3 relations constituent **la loi de normalité :**

$$\frac{\partial\psi}{\partial(\text{var}\,iables flux)} = Vecteur.\ grad\vec{\,}\psi \text{ ou } force\ thermodynamique$$

I. 2. Adaptation à la théorie des attachements. Potentiel plastique $f(\sigma)$=0.

En théorie des attachements ([1]), on considère que les évolutions se résument principalement à des ruptures des attachements. Ce phénomène est globalement irréversible lorsque les reconstructions d'attachements sont minoritaires, et il est analogue à des ruptures plastiques dans les matériaux physiques. Il ne fait intervenir que la variable ε^p (taux de déformation plastique) et le potentiel

thermodynamique se réduit alors à $\psi(\varepsilon^p)$, appelé potentiel plastique.
D'autre part, il est plus commode pour la suite d'utiliser un potentiel en fonction des variables forces, noté $\varphi^*(\sigma)$, pour obtenir la variable flux correspondante :

$$\varepsilon^p = \frac{\partial \varphi^*}{\partial \sigma} \quad \text{ou} \quad \varepsilon^p{}_{ij} = \frac{\partial \varphi^*}{\partial \sigma_{ij}}$$

Ces relations constituent les lois de la plasticité ou lois d'évolutions irréversibles.
La forme de ces relations montre que la loi de normalité est conservée, ainsi que la convexité (voir 3.) de $\psi(\varepsilon^p)$ et de $\varphi^*(\sigma)$.

On définit enfin une fonction $f(\sigma) = 0$, fonction critère d'atteinte des évolutions ou déformations irréversibles dont le graphe 3D (ou 2D) est indicateur de $\varphi^*(\sigma)$. On note aussi $\varepsilon^p{}_{ij} = \frac{\partial f^*}{\partial \sigma_{ij}}$.

Cette surface (ou courbe) $f(\sigma) = 0$, dans l'espace des variables forces σ_{ij} traduit l'équilibre des contraintes lorsque, en théorie des attachements, la contrainte critique de cisaillement τ_c qui amène une déformation plastique irréversible est atteinte dans un attachement ; elle est appelée **surface de charge**.
La **surface de charge** est une surface fermée dans le repère σ_{ij}. En se reportant à la figure ci-après :

- Lorsque $f < 0$, le comportement est réversible, aucun attachement n'est en rupture. Le point représentatif des contraintes σ_{ij} est à l'intérieur de la surface de charge.
- Lorsque $f = 0$ et $\mathrm{d}f = 0$, il se produit des ruptures irréversibles ; chez les matériaux physiques, on dit qu'il y a écoulement plastique. Dans les attachements, la contrainte de cisaillement critique τ_c a été atteinte. Le point représentatif est situé <u>sur</u> la surface de charge.

Si les contraintes σ_{ij} augmentent de $\mathrm{d}\sigma_{ij}$, de nouvelles ruptures par glissements irréversibles apparaissent sous une contrainte critique

$\tau'_c > \tau_c$, et on a toujours $f = 0$; les points représentatifs des vecteurs σ_{ij} et (σ_{ij}+dσ_{ij}) restent sur la surface de charge en s'y déplaçant.

• Lorsque $f = 0$ et df < ., il y a arrêt des déformations irréversibles et retour à un comportement réversible. Le point représentatif se déplace vers l'intérieur de la surface de charge.

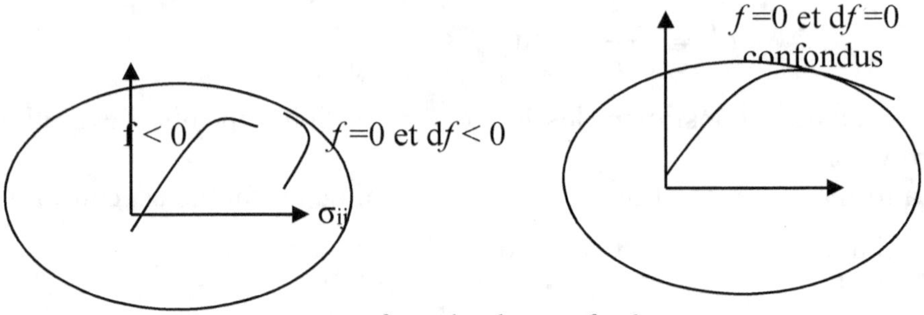

surface de charge $f = 0$

I. 3. Propriétés de la surface de charge f = 0 : normalité et convexité.

• **Normalité du vecteur $\varepsilon^p{}_{ij}$ par rapport à la surface $f = 0$:**

La forme de la relation $\varepsilon^p{}_{ij} = \dfrac{\partial f}{\partial \sigma_{ij}}$ (ou $d\varepsilon^p{}_{ij} = \dfrac{\partial f^*}{\partial \sigma_{ij}}.d\mu$) montre que le vecteur incrément de déformation plastique, de composantes $d\varepsilon^p{}_{ij}$, provoqué par un incrément de contrainte, est normal à la courbe ou surface $f = 0$.

Sans faire appel à cette propriété mathématique, on peut comprendre que sous un état de contraintes donné, l'incrément de la déformation plastique atteinte soit unique et que son orientation par rapport à au vecteur $\vec{t}$ tangent à $f = 0$ ne présente pas de position favorable à + $d\sigma_{ij}$ ou à -$d\sigma_{ij}$, d'où la perpendicularité.

La figure ci-dessous illustre cette propriété.

Il faut s'assurer que cette représentation géométrique a un sens lorsque les déformations et les contraintes sont celles d'une matière généralisée. On a déjà vu [1] comment il était possible de quantifier les actions autoritaires ou contraintes et les variations de positions o

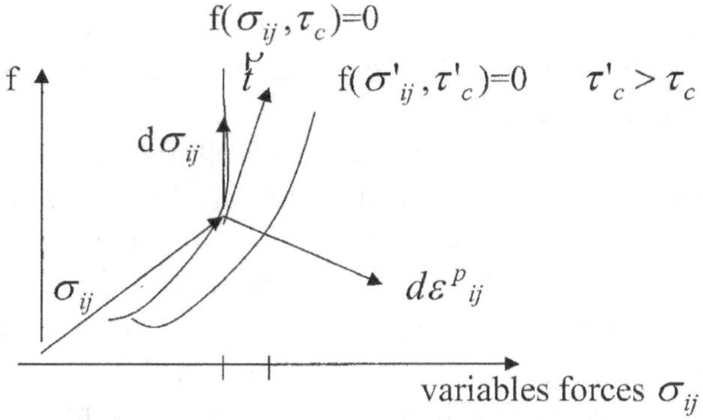

Représentation de $f(\sigma_{ij})$ et du vecteur normal $d\varepsilon^p_{ij}$ dans un même graphique.

u déformations. Il est donc possible de tracer $f(\sigma_{ij})$ avec des échelles adaptées. Il n'est pas nécessaire de définir un produit scalaire pour justifier la normalité, le critère d'une position « neutre » pour $d\varepsilon^p_{ij}$ suffit pour cela.

• **Convexité de f par rapport à σ_{ij}.**

Cette propriété découle de la convexité de ψ par rapport à ε [2]. C'est la stabilité thermodynamique du comportement du milieu qui est à l'origine de cette propriété car $\psi(\varepsilon)$ est une forme quadratique en ε (par contre ψ doit être concave par rapport à T).

La convexité de la courbe ou surface f = 0 implique que l'angle entre les vecteurs ($d\varepsilon^p_{ij}$, $d\sigma_{ij}$) est supérieur à 90°.

Par conséquent, le produit scalaire ($d\varepsilon^p_{ij} . d\sigma_{ij}$) est négatif, ce qui constitue la définition de la convexité. C'est cette propriété qui est à l'origine des règles de l'énergie d'évolution maximale ou travail maximal (annexe 2).

II. COMMENT S'INSPIRER DE L'APPROCHE THERMO-MECANIQUE ?

Dans ces approches thermomécaniques, il faut essayer de dégager les idées simples qui se traduisent par ces développements mathématiques importants.

II. 1. La relation de Clausius-Duhem (annexe 1) résulte du premier et du second principe où, dans leurs écritures locales, on a éliminé le terme de rayonnement r/T. Les idées à la base de ces principes sont connues et n'apportent ici rien de nouveau.
II. 2. Les lois d'état proviennent de manipulations mathématiques [2] non présentées ici, où, lorsqu'une somme de termes doit être positive ou nulle quelles que soient les variables, on en déduit que chaque terme doit être nul, du fait de l'indépendance de ces variables. Dans d'autres cas, considérant encore une somme de termes qui doit être positive ou nulle quelles que soient les évolutions des variables, on imagine des cas particuliers où des termes s'annulent et où il n'en reste qu'un seul, qui fournit une relation à valeur générale.
II. 3. La notion de variables associées ou variables duales, intensives et extensives ou variables forces et variables flux, est très utile, elle permet de structurer les relations avec cette idée simple que ces variables s'allient dans une certaine causalité pour produire une transformation du milieu, en mettant en jeu une énergie ou une puissance d'évolution. Cette structure s'illustre toujours dans les relations (lois d'état) où figure une dérivée partielle d'un potentiel.
II. 4. La notion de potentiel s'accompagne d'un formalisme mathématique qui semble difficilement adaptable aux matières généralisées. Néanmoins on peut dire qu'un potentiel est une source de relations d'état du type force thermodynamique = dérivée de ce potentiel par rapport à la variable flux associée, notion qui reprend le point II.3. Les notions de vecteur gradient et de loi de normalité ne sont que l'interprétation géométrique de ces relations.
II. 5. Les notions de contraintes et de déformations ont été définies dans [1], avec des graphiques et des tableaux de relations. Il faudrait adopter le vocabulaire contrainte frontale pour $\sigma_{11}, \sigma_{22}, \sigma_{33}$ et contrainte d'entraînement latéral, pour les autres. La signification des indices 1, 2, 3…dans la désignation des contraintes en physique se réfère à un espace euclidien, et pour cette raison, son adaptation à des matières généralisées est source de difficultés.
Afin de mieux généraliser ces notions, il est utile de rappeler leur signification en physique : lorsqu'une contrainte « frontale » σ_{11} agit sur une surface élémentaire normale à la direction 1 et suivant 1, on peut dire pour simplifier qu'elle tend à modifier le déplacement U_1 suivant 1, et cette modification s'écrit $U_{1,1}$. De même pour

$U_{2,2}, U_{3,3}, U_{4,4}...$ Le « déplacement » est la modification de position relative des éléments, c'est-à-dire la modification des critères qui les caractérisent dans leur espace. Lorsqu'une contrainte « d'entraînement » par frottement latéral agit dans la direction 1, elle produit de faibles déplacements dans cette direction, mais de manière décroissante dans le direction perpendiculaire 2, il se produit des glissements relatifs qui se décrivent par la façon dont U_1 varie dans la direction 2, c'est-à-dire par $U_{1,2}$.

II. 6. Les déformations dans les matières généralisées procèdent par incréments [1], leur allure continue ne peut résulter que de la superposition d'un grand nombre de ruptures et de reconstructions locales. C'est en fait le mécanisme de la déformation plastique des matières physiques, où les incréments sont des glissements qui utilisent les lignes de dislocation, la progression de la plasticité se faisant par des petits mouvements dont la plus petite ampleur est le vecteur de Burgers. Il faut noter que les reconstructions de liaisons dans les matières généralisées ont leur équivalent dans les matières physiques car tout glissement y correspond à une translation des liaisons qui se reforment quelques nanomètres plus loin, sinon la plasticité n'existerait pas, et tout début de glissement aurait pour conséquence une rupture totale. Le concept de déformation irréversible (on dit aussi plastique) est bien adapté à la description d'une succession de ruptures et reconstructions éventuelles dans les matières généralisées.

Rappelons que les déformations élastiques réversibles ne sont pas prises en compte, car on les néglige toujours devant les déformations irréversibles dans les matières généralisées.

II. 7. Lorsqu'on ne s'intéresse qu'aux relations entre taux de déformations irréversibles et contraintes, le potentiel le plus simple et le mieux adapté est le potentiel plastique ou fonction de charge $f(\sigma_{ij}, \sigma_0) = 0$ où σ_0 est une contrainte généralisée du seuil irréversible, caractéristique de l'atteinte de la déformation (de l'évolution) irréversible.

Le travail des efforts de cohésion, ici travail lors d'un incrément de déformation irréversible, et par unité de « volume » d'éléments, se définit par la somme des travaux volumiques élémentaires $\sigma_{ij}.d\varepsilon_{ij}$.

II. 8. On peut imaginer des exemples où la matière est constituée de deux ensembles d'éléments qui peuvent évoluer dans leurs positions relatives (déplacements, déformations) sous des actions autoritaires (contraintes). Les évolutions possibles par ruptures-reconstructions sont nombreuses et elles doivent emprunter des directions, c'est-à-dire des glissements, qui sont favorables, c'est à dire qui nécessitent peu de dépense d'énergie.

Exemple 1 : surface de charge.

Considérons la matière constituée des clients d'une pharmacie (les malades A_i) et des produits de la pharmacie (les B_j) ; les clients sont attachés aux médicaments et autres produits. Une action autoritaire Σ_F provoque des contraintes de cohésions entre éléments A_i-B_j , notées σ_{ij}. Cette action a pour but d'interdire les prescriptions trop généreuses. Il faut imaginer l'espace des évolutions de positions et l'espace des contraintes. Les notations qui suivent sont mises en place sur la figure 1.

Les actions extérieures imposent des contraintes frontales σ_{11} et σ_{22} dirigées vers les médecins (direction 1) qui prescrivent trop, et vers les clients (direction 2) qui s'auto-médicalisent; la résultante de ces actions sur les contraintes dans les attachements A_i-B_j est inconnue, elle dépend de la manière dont les attachements vont s'en accommoder, elle sera probablement une combinaison de ces deux directions d'actions 1 et 2 ; notons-la $\vec{b}$ qui est la direction de rupture des attachements par glissement, et notons b la plus petite quantité de glissements perceptible. Les ruptures peuvent être dues à des élongations et/ou à des glissements ; les premières sont exclues car elles nécessitent plus d'énergie que les secondes. $\vec{b}$ est donc une direction de glissement par entraînement, avec un gradient dans la direction perpendiculaire notée $\vec{n}$; cette contrainte σ_{bn} sera notée plus simplement τ, et son intensité critique qui produit ces glissements irréversibles est τ_c. On considère que la contrainte normale aux plans de glissements, notée σ_{nn}, a un effet négligeable.

• Lorsque le critère d'évolution irréversible est atteint, l'équilibre des effets des contraintes c'est-à-dire l'équilibre entre les effets suivant les

3 direction 1 ou $\vec{x}_1$, 2 ou $\vec{x}_2$, et $\vec{b}\,*$ qui est le vecteur unitaire associé à $\vec{b}$, s'écrit $\sigma_{ij}.n_j.b*_i = \tau_c$, provenant de $\vec{T}_{(M,\vec{n})}.\vec{b}* = \tau_c$ [2].

Ceci constitue la fonction de charge pour une seule direction de glissement, c'est aussi le potentiel plastique

$$f(\sigma_{ij},\tau_c) = 0 \qquad (1)$$

En notant $\theta = (\vec{x}_1,\vec{b})$, on a $n_1 = -\sin\theta$, $n_2 = \cos\theta$, $b_1* = \cos\theta$, $b_2* = \sin\theta$, l'équation (1) est celle de la droite (fig2a)

$$\sigma_{22} = \sigma_{11} + \frac{\tau_c}{\cos\theta.\sin\theta} \qquad (2)$$

La loi de normalité permet d'écrire

$$\frac{\partial f}{\partial \sigma_{11}} = \varepsilon_{11}^p = -\cos\theta.\sin\theta \qquad (3)$$

$$\frac{\partial f}{\partial \sigma_{22}} = \varepsilon_{22}^p = \cos\theta.\sin\theta \qquad (4)$$

- On peut vérifier ces composantes de la déformation de glissement $\vec{\varepsilon}^{\,p}$ en se donnant un champ de déplacements de glissement. Dans la théorie des attachements [1], les déplacements entre éléments sont des variations de leurs positions relatives, et les positions sont des caractéristiques de l'état des éléments. Ici les positions entre les malades et les médicaments sont très variées (préférence, nécessité, excès de précautions, croyances, mimétisme, mode…). Les actions autoritaires modifient ces positions, donc produisent des déplacements. Les déplacements en dégradé, c'est-à-dire avec un gradient supposé constant, sont parallèles à b (voir fig. 1), et proportionnels à la distance du point quelconque M (x_1,x_2) au plan de glissement $(\vec{x}_3,\vec{b})$ supposé passant par l'origine.

En un point M $(\vec{x}_1,\vec{x}_2)$ situé à une distance MH du plan de glissement, considérons que le déplacement $\vec{U}_{(M)}$ est parallèle à $\overline{b}$ et proportionnel à HM (voir fig. 1).

Avec HM=$\vec{OM}.\vec{n} = -x_1.\cos\theta + x_2.\sin\theta$ (5)

et en écrivant $\vec{U}_{(M)} = k.\vec{b}.HM$ ... on trouve U_1 et U_2

puis $\varepsilon_{11}^{p} = U_{1,1} = -k.b.\sin\theta.\cos\theta$ (6)

$\varepsilon_{22}^{p} = U_{2,2} = k.b.\sin\theta.\cos\theta$ (7)

La vérification est faite : les taux de déformations irréversibles que l'on obtient par la loi de normalité peuvent également s'obtenir par un champ de déformation en cohérence avec le mécanisme de glissement.

• Il est facile d'imaginer d'autres sollicitations où d'autres intensités de contraintes produiraient des glissements dans des directions différentes et plus nombreuses. On peut par exemple remplacer σ_{11} par σ'_{11} et σ'_{12} , et σ_{22} par σ'_{22} et σ'_{21}, la direction de glissement est alors changée en θ', et l'équation (2) devient

$$\sigma'_{22} = \sigma'_{11} + [\tau_c - \sigma'_{12}.(\cos^2\theta' - \sin^2\theta')]/[\cos\theta'.\sin\theta'] \quad (2')$$

Plus simplement, la présence des contraintes tangentielles σ'_{12} nous suggère de rechercher les directions principales X_I et X_{II} et les contraintes principales σ_I et σ_{II} des tenseurs des différentes sollicitations. On est ramené au problème précédent dans le nouveau repère $(O, \vec{X}_I, \vec{X}_{II})$ attaché au milieu. Il faut aussi envisager différentes directions de glissements, c'est-à-dire qu'il faut faire varier θ.

Les droites telles que (2) prennent alors des orientations et des positions très variées dans $(\vec{x}_1, \vec{x}_2)$.

La fonction de charge ou potentiel plastique est alors le produit des fonctions de charges correspondant à chaque type de sollicitation, et le tracé, dans $(\vec{x}_1, \vec{x}_2)$, de l'ensemble de ces droites images des différentes fonctions de charge, est une figure polygonale (fig. 2b), qui tend vers une courbe sans points anguleux lorsque le nombre de types de sollicitations augmente.

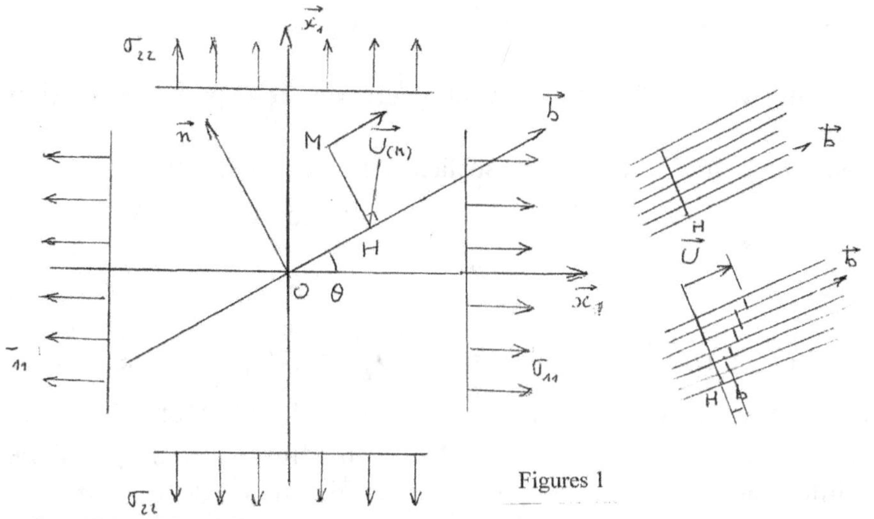

Figures 1

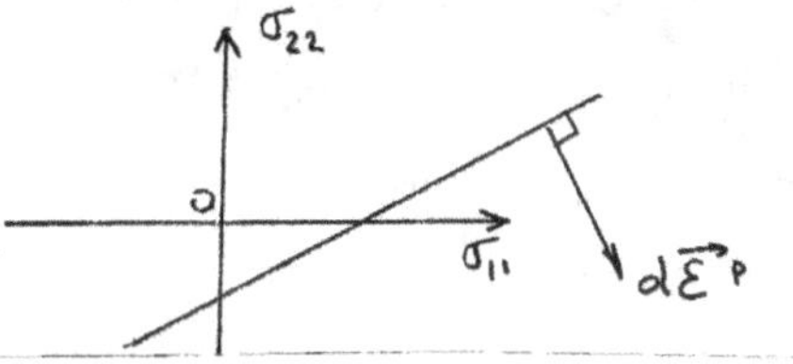

Figure 2.a

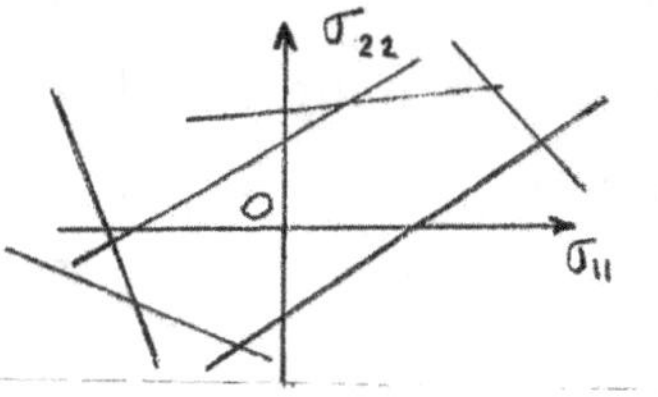

Figure 2.b

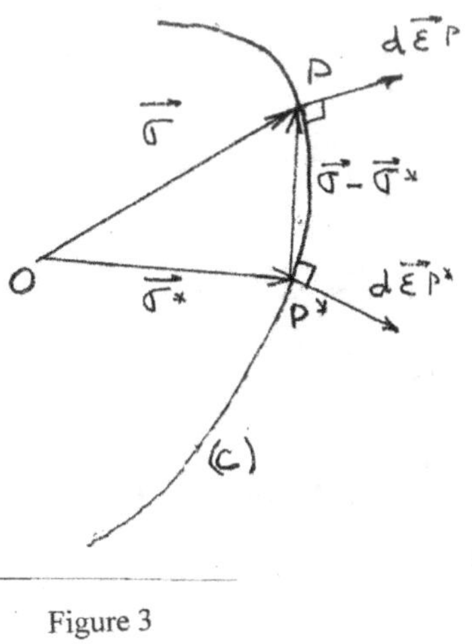

Figure 3

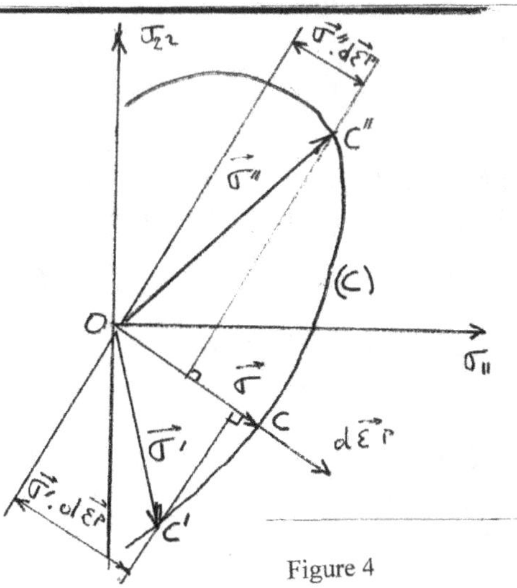

Figure 4

III. ENERGIE D'EVOLUTION MAXIMALE

III. 1. Inégalité à l'origine de la règle de l'énergie d'évolution maximale.

Plaçons nous dans le cas où la surface de charge est une courbe (C) comme sur les figures 3 et 4. Il faut aussi que les axes des σ_{ij} soient confondus avec les axes des $\varepsilon_{ij}{}^{p}$ de sorte que la représentation des vecteurs $\vec{\sigma}$ et $d\vec{\varepsilon}^{\,p}$ (ou des tenseurs σ_{ij} et $d\varepsilon_{ij}{}^{p}$) puisse se faire sur une même figure. Sur la fig. 3, en un point P de (C), on peut tracer le vecteur $\vec{\sigma}$ de O (origine) à P, et, en utilisant la propriété de normalité, on peut tracer le vecteur accroissement de déformation irréversible $d\vec{\varepsilon}^{\,p}$ lorsqu'on passe de $\vec{\sigma}$ à $\vec{\sigma}$+d$\vec{\sigma}$, normal à (C)). Considérons un autre état de contraintes σ^*_{ij}, de O à P*, voisin de P, situé sur la même surface de charge, de sorte que $\sigma^*_{ij}=\sigma_{ij}+\mathrm{d}\sigma_{ij}$ ou $\vec{\sigma}^*=\vec{\sigma}+\mathrm{d}\vec{\sigma}$.

Cet état de contraintes, non réel, c'est-à-dire virtuel, est dit plastiquement admissible ou raisonnablement imaginable car il est sur la surface de charge.

Le vecteur accroissement de déformation $d\vec{\varepsilon}^{\,p}*$ est normal à (C) en P*.

En utilisant la propriété de convexité de la surface de charge, et à l'aide de la figure 3, on peut écrire [4] :

$$(\vec{\sigma}-\vec{\sigma}^*).d\vec{\varepsilon}^{\,p} \geq 0 \quad \text{soit} \quad \sigma_{ij}.d\varepsilon^{p}_{ij} \geq \sigma^*_{ij}.d\varepsilon^{p}_{ij} \qquad \text{(I)}$$

$$\text{et} \quad (\vec{\sigma}^*-\vec{\sigma}).d\vec{\varepsilon}^{\,*p} \geq 0 \quad \text{soit} \quad \sigma^*_{ij}.d\varepsilon^{*p}_{ij} \geq \sigma_{ij}.d\varepsilon^{*p}_{ij} \qquad \text{(II)}$$

III. 2. Règles de l'énergie d'évolution maximale ou théorème du travail maximal.

Les termes comme $\sigma_{ij}.d\varepsilon^{p}_{ij}$ sont des énergies par unité de volume (de population) lors d'un incrément d'évolution.

- La relation (I) constitue **le théorème du travail maximal** qui peut s'énoncer ainsi :

le travail de déformation irréversible dû aux contraintes réelles σ_{ij} associées aux déformations réelles $d\varepsilon_{ij}^{p}$ est supérieur ou égal au travail plastique des contraintes raisonnablement imaginables $\sigma_{ij}*$ dans le champ des $d\varepsilon_{ij}^{p}$ réelles.

• La relation (II) constitue une autre forme du **principe du travail maximal** avec un champ de déplacements ou de déformations raisonnablement imaginable: le travail de déformation irréversible dû aux contraintes réelles σ_{ij} associées aux déformations virtuelles $d\varepsilon_{ij}^{p}*$ est inférieur ou égal au travail plastique des contraintes raisonnablement imaginables $\sigma_{ij}*$ dans le champ des mêmes $d\varepsilon_{ij}^{p}*$ virtuelles.

III. 3. Justification physicienne de ce théorème du travail maximal.

• L'idée à la base de ce théorème peut apparaître en faisant le lien entre les échelles micro et macroscopiques des déformations dans les matières physiques.

D'une part, toute déformation macro est due à une multitude de glissements microscopiques dans des plans de glissements sous l'effet d'une contrainte dans ces plans, appelée cisaillement critique τ_c.

D'autre part, dans le cas simplifié des contraintes planes, tout tenseur de cisaillement dans la base $\vec{u},\vec{v}$ est équivalent à la superposition de 2 contraintes égales et opposées dans la base des bissectrices $\vec{u}',\vec{v}'$: en un même point on peut écrire

$$[T(\tau)]=\begin{bmatrix}0 & \tau_C\\ \tau_C & 0\end{bmatrix}_{\vec{u},\vec{v}} \quad \text{ou} \quad [T(\sigma)]=\begin{bmatrix}\sigma & 0\\ 0 & -\sigma\end{bmatrix}_{\vec{u}',\vec{v}'} \quad \text{avec} \quad |\tau_c| = |\sigma|$$

Sur la courbe de la surface de charge, le point représentatif de cet état de contrainte $[T(\sigma)]$ est le point C de coordonnées $(\sigma,-\sigma)$ tel que $\vec{\sigma} = \vec{OC}$ sur la fig. 4, et le vecteur incrément de déformation est $d\vec{\varepsilon}^{\,p}$ colinéaire à $\vec{\sigma}$ du fait de la position particulière du point C.

Le travail plastique par unité de volume est le produit scalaire

$w = \vec{\sigma}.d\vec{\varepsilon}^{\,p}$.
Imaginons d'autres états de contraintes virtuels $\vec{\sigma}'$ et $\vec{\sigma}''$ mais avec le même incrément réel $d\vec{\varepsilon}^{\,p}$; on constate simplement sur la Fig. 4 que les scalaires $\vec{\sigma}'.d\vec{\varepsilon}^{\,p}$ ou $\vec{\sigma}''.d\vec{\varepsilon}^{\,p}$ sont inférieurs à $\vec{\sigma}.d\vec{\varepsilon}^{\,p}$. Le travail plastique de cisaillement est maximal pour la contrainte de cisaillement τ_c réelle. Et comme on l'a dit ci-dessus, cette propriété vaut aussi pour tout état de contraintes car il peut être vu comme la superposition de plusieurs états de contraintes de cisaillement.
Ce passage par le travail des contraintes de cisaillement permet de comprendre pourquoi le travail de déformation irréversible dû aux contraintes réelles σ_{ij} associées aux déformations réelles $d\varepsilon_{ij}^{p}$ est supérieur ou égal au travail plastique des contraintes raisonnablement imaginables $\sigma_{ij}*$ dans le champ des $d\varepsilon_{ij}^{p}$ réelles.

Les $\sigma_{ij}*$ et les $d\varepsilon_{ij}^{p}*$ sont calculés à partir du choix d'un champ de déplacements virtuels U_i* admissible.

Autrement dit, l'énergie à fournir pour produire des évolutions réelles des attachements en s'attaquant à leurs forces de cohésions réelles, est supérieure ou égale à l'énergie nécessaire pour vaincre les résistances que l'on imagine afin de produire les mêmes évolutions réelles.

On entrevoit facilement la portée considérable de cette règle dans le domaine social.

III. 4. Intérêt de cette règle de l'énergie d'évolution (ou du travail) maximale.

Cette règle est locale, valable en un nombre limité d'attachements sollicités de manière homogène. Mais on peut sommer cette règle sur l'ensemble d'un domaine d'éléments attachés en déformation (en évolution). En choisissant une évolution virtuelle admissible, il est possible de déterminer une valeur par excès de la puissance mise en jeu dans la totalité du domaine lors d'une évolution.
Cette méthode approchée est appelée méthode de la borne supérieure (MBS) ou méthode de la valeur par excès de la puissance réelle mise

en jeu lors de l'évolution réelle. La qualité de l'approche est en général très satisfaisante et elle évite le calcul difficile de la puissance réelle exacte.

Exemple 2. Application simplifiée de la méthode de la borne supérieure (MBS).

Contrairement à l'exemple 3, il ne sera pas nécessaire ici d'écrire la fonction de charge car une hypothèse sur les contraintes va permettre de les trouver facilement.

Considérons les cas de populations d'éléments attachés, en mouvement, subissant une évolution forcée des attachements par le passage dans une zone convergente de rapport 2. Le problème est plan, la matière est contenue dans un domaine aux frontières rigides abOc et ade (fig. 5a), le passage forcé est provoqué par le déplacement de la paroi ad. Tout élément se déplace dans ce domaine en suivant une trajectoire dont des allures sont tracées sur la fig. 5a.

Cette figure pourrait être la vue de l'écoulement de la matière comme dans le cas d'une extrusion d'une pâte, ou pourrait représenter une vue aérienne de l'écoulement de la circulation de véhicules devant franchir une restriction du nombre de voies, ou pourrait être le traitement par une administration débordée d'un grand nombre de dossiers dont le cheminement dans les différents services correspondrait aux trajectoires déjà évoquées, ou pourrait être une grande bousculade d'un troupeau à l'entrée dans un enclos.

Champ simplifié des évolutions par blocs rigides.

On s'intéresse au champ des déplacements des éléments, c'est-à-dire à la façon dont la « bousculade » se met en place dans la zone convergente. Pour cela la recherche des équations des trajectoires est une opération difficile. On imagine donc un champ de déplacements très simplifié. On considère que les évolutions des positions relatives entre éléments ne se produisent qu'au franchissement de lignes fictives à 45° comme AO, AC, CB, BO, et aussi CO (voir fig. 5b). En dehors de ces lignes, la matière n'évolue pas, les attachements sont rigides. On peut comparer cela aux files de voitures dans un embouteillage : l'une avance en bloc et la file voisine est à l'arrêt, la ligne fictive de glissement relatif se situe entre les deux. La fig. 5c montre en pointillés, les variations des positions des blocs rigides (0) à (4) lors d'un glissement élémentaire à l'instant t. A l'instant t+dt, les éléments qui franchissent les lignes fictives OA, AC...BO connaissent les mêmes glissements. La cinématique des petits mouvements des blocs rigides permet de calculer simplement les vitesses de glissements relatifs $V_{(2)/(1)}$, $V_{(2)/(0)}$, $V_{(2)/(3)}$, etc.

Modélisation des contraintes.

Au franchissement de ces lignes fictives, il se produit un glissement relatif entre ces blocs rigides, qui met en jeu une contrainte tangentielle $\tau = \sigma_0 / \sqrt{3}$ où σ_0 est la contrainte seuil des évolutions irréversibles. Cette contrainte de glissement ou de cisaillement, multipliée par la vitesse de glissement définit la puissance d'évolution dissipée le long de telle ligne fictive.

Résumé des hypothèses.

- aucune contrainte tangentielle de résistance au passage de la matière sur les parois du domaine.
- champ des évolutions localisé uniquement le long des lignes fictives à 45°.
- contraintes de cisaillement $\tau = \sigma_0 / \sqrt{3}$ constantes et uniformes le long des lignes fictives.

Puissance des évolutions irréversibles.

Dans ces conditions, pour chaque segment qui est une frontière entre deux blocs i et j, la vitesse de glissement $\vec{V}_{i/j}$ est uniforme, de même que la contrainte de glissement $\vec{\tau}_{j \to i}$, de sens contraire afin que leur produit scalaire soit négatif, car le travail de glissement est résistant. La puissance dissipée sur un segment, dont seule l'intensité nous intéresse, s'écrit par le produit des modules $(V_{i/j}. \ \tau .l)$, l étant la longueur du segment. D'un point de vue mécanique, ce produit n'est pas homogène à une puissance car le problème posé étant plan dans $(\vec{x}, \vec{y})$, il faut tenir compte d'une épaisseur unité suivant $\vec{z}$. On pose $V_0 = V_{1/0}$, la zone (0) demeurant immobile lors du mouvement de matière. On obtient les relations entre les vecteurs vitesses par des compositions triangulaires du type $V_{1/0} = V_{1/2} + V_{2/0}$.

Ces petits calculs peuvent se présenter dans le tableau suivant :

Le long de AC = $h/\sqrt{2}$	$V_{1/2} = V_0/\sqrt{2}$	$P_{uiss(AC)} = V_0.h.\tau/2$
Le long de OA = $h/\sqrt{2}$	$V_{1/2} = V_0/\sqrt{2}$	$P_{uiss(AC)} = V_0.h.\tau/2$
Le long de CB = $h/\sqrt{2}$	$V_{1/2} = V_0/\sqrt{2}$	$P_{uiss(AC)} = V_0.h.\tau/2$
Le long de OB = $h/\sqrt{2}$	$V_{1/2} = V_0/\sqrt{2}$	$P_{uiss(AC)} = V_0.h.\tau/2$
Le long de OC = h	$V_{1/2} = V_0$	$P_{uiss(AC)} = V_0.h.\tau$

Au total, le long des 5 segments :

$$P_{uiss\ disssipée\ par\ glissements} = 3.\ V_0.h.\tau$$

En faisant intervenir la caractéristique seuil d'évolution du milieu avec $\tau = \sigma_0/\sqrt{3}$, la puissance dissipée dans l'évolution que doit subir la matière dans le passage du convergent est

$$P_{uiss} = 1{,}73.\ V_0.h.\sigma_0$$

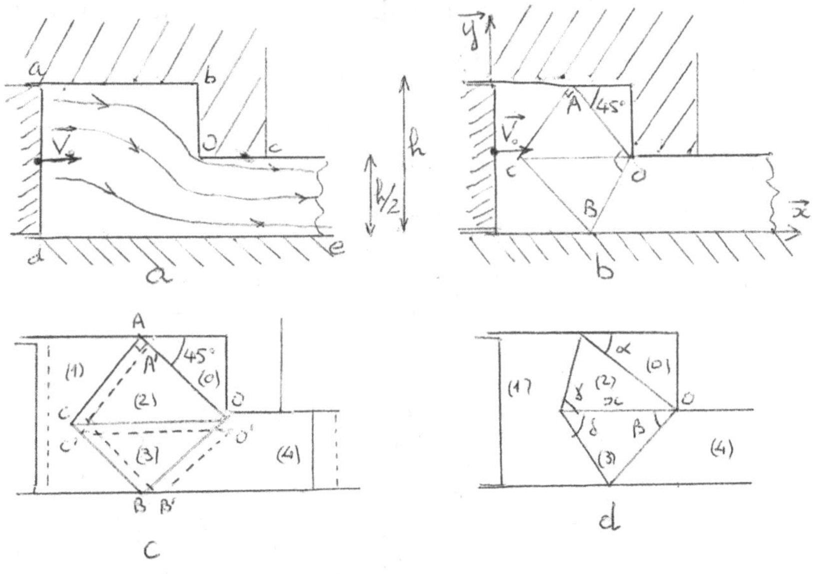

Figures 5. (a) champ d'évolution d'allure réelle ; (b) et (c) champ par blocs rigides simplifié ; (d) champ par blocs rigides optimisé.

Cette puissance est une valeur par excès de la puissance réelle, c'est une borne supérieure. Le champ des déplacements d'évolutions est ici si rudimentaire qu'il serait facile d'en imaginer un autre, plus proche de la réalité, qui abaisserait la puissance calculée, c'est-à-dire qui se rapprocherait de la puissance réelle.

Champ d'évolution par blocs rigides optimisés.

Les lignes fictives de glissements des blocs entre eux ne sont plus à 45°, mais forment des zones triangulaires quelconques comme sur la fig. 5.d. Il suffit de 3 paramètres pour définir ces 2 triangles ; choisissons α, β et x.

La figure 5.e montre les compositions des vitesses de glissement, et les triangles de ces vitesses sont semblables aux triangles ACO et OCB, ce qui fournit des relations comme

$$\frac{V_{2/1}}{AC} = \frac{V_{1/0}}{x} \quad , \quad \frac{AO}{x} = \frac{V_{2/0}}{V_{1/0}} \quad , \text{ etc.}$$

Le long de AC, la puissance de cisaillement, c'est-à-dire d'évolution, s'écrit comme précédemment $P^*_{uiss(AC)} = V_{2/1}.\tau.AC$ mais les expressions de $V_{2/1}$ et de AC sont plus difficiles à obtenir car le problème de géométrie est complexe.

Par exemple, pour écrire AC en fonction de α et x, il faut passer par, dans le triangle ACB : $\vec{AC}^2 = \left(\vec{AO} + \vec{OC}\right)^2$

$$AC^2 = x^2 + AO^2 + 2.x.AO.\cos\alpha$$

avec $OA = h/(2.\sin\alpha)$.

On peut alors écrire $P^*_{uiss(AC)} = V_{1/0}.\tau.AC^2/x$

soit $$P^*_{uiss(AC)} = \frac{1}{x}.V_{1/0}.\tau.\left(\left(\frac{h}{2.\sin\alpha}\right)^2 - 2.x.\cos\alpha.\frac{h}{2.\sin\alpha} + x^2\right)$$

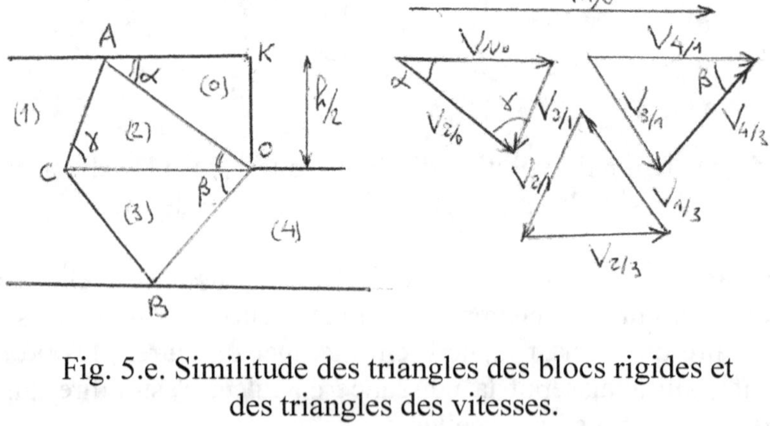

Fig. 5.e. Similitude des triangles des blocs rigides et des triangles des vitesses.

On écrit de même les puissances dissipées sur les 5 lignes fictives de cisaillement. La puissance totale est

P*$_{\text{uiss disssipée par glissements}}$ =

$$\frac{V_{1/0}.\tau}{x}\left(4.x^2-\frac{3.x}{2}.h\left(\cot g\alpha+\cot g\beta+\frac{1}{2}\left(\cot g^2\alpha+\cot g^2\beta\right)\right)+h^2\right)$$

Dans la méthode de la borne supérieure, il faut approcher la puissance réelle en minimisant la puissance calculée à partir d'un champ d'évolution. Ici, il faut choisir le triplet α, β , x ou plutôt cotgα, cotgβ et x, qui correspondent à un extrémum (on sait que c'est un minimum) de P* .

On écrit donc $\frac{\partial P^*}{\partial \cot g\alpha}=\frac{\partial P^*}{\partial \cot g\beta}=\frac{\partial P^*}{\partial x}=0$, ce qui fournit les valeurs optimales $x_{op}=2/\sqrt{7}=0{,}756$

$$\cot g\alpha_{op}=\cot g\beta_{op}=2/\sqrt{3}=1{,}154 \quad \text{soit} \quad \alpha_{op}=\beta_{op}=40{,}89°$$

et enfin, avec $\tau=\sigma_0/\sqrt{3}$,

P*$_{\text{uiss}}$ = 1,53. $V_0.h.\sigma_0$ au lieu de 1,73. $V_0.h.\sigma_0$ précédemment.

Cette nouvelle valeur est encore supérieure à le valeur réelle mais elle s'en est rapprochée.

Pour reprendre l'exemple déjà évoqué du cheminement d'un dossier dans une administration débordée, la puissance à mettre en jeu pour traiter ces dossiers dépend de leur afflux (par V_0), de la longueur du chemin qu'ils ont à parcourir (h), et de la résistance locale à vaincre (σ_0) pour réaliser l'évolution (le traitement) des dossiers.

Exemple 3. Application complète de la méthode de la borne supérieure (MBS).

Cette application est dite complète car il est ici nécessaire d'écrire la fonction de charge qui permet d'écrire les relations entre les $d\varepsilon^p{}_{ij}$ et les σ_{ij}, afin de calculer la puissance d'évolution irréversible.

Il s'agit de la détermination de la puissance d'évolution irréversible réelle par excès (méthode dite de la borne supérieure) dans la réorganisation d'une administration.

Cette administration a pour but de contribuer financièrement à la modernisation des producteurs de lait dans le pays, elle est très

décentralisée, par étages : une administration au niveau 1 gère les aides aux producteurs du canton, elle reçoit des financements de l'administration au niveau 2 qui lui verse les fonds et qui gère un secteur géographique plus étendu, et chaque administration au niveau n reçoit des fonds de l'administration au niveau n+1, ...jusqu'à l'administration nationale qui distribue les fonds pour toutes les administrations décentralisées. Le découpage en niveaux se fait en respectant le critère d'un même nombre de producteurs, noté N, par niveau.
Le montant de ces fonds croît évidemment avec le niveau n, et l'approvisionnement doit assurer une « cohésion financière» suffisante entre différents niveaux.

a) Mise en place du problème.
Chaque élément de la matière généralisée est constitué d'une administration et des producteurs de son secteur. Les éléments sont appelés, pour simplifier, administration de niveau 1 ou 2, ...n ou n+1. Les attachements se situent entre les administrations de niveaux voisins. Les évolutions de ce milieu sont les modernisations. Le taux de déformation à un niveau n traduit l'ampleur des modernisations rendues possibles par le financement de l'administration n qui affecte les niveaux n à 1.
L'ensemble des administrations, imbriquées comme des poupées russes, forme une chaîne que nous orientons de la plus vaste à la plus localisée (niveau 1), en la paramétrant par une abscisse x. Les coûts de la modernisation pour chaque producteur sont considérées comme des actions extérieures uniformes, notées σ_F . Les actions de soutien ou de cohésion entre les administrations de niveaux voisins sont internes à l'ensemble des administrations, et sont notées $\sigma_{xx(x)}$.

On peut schématiser cette organisation de la façon suivante :

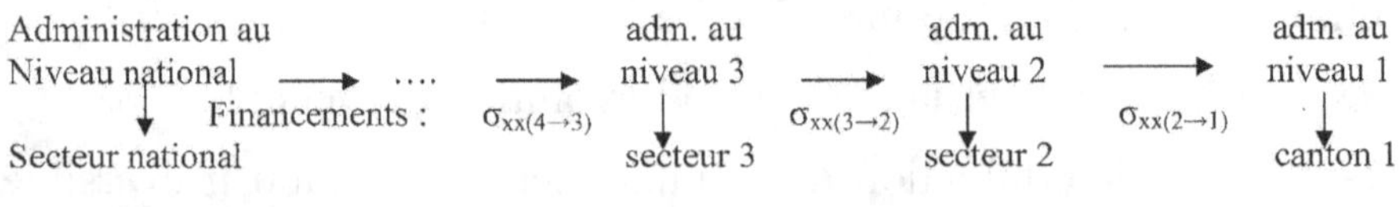

L'administration n+1 fournit une action de financement $\sigma_{xx(x)}$ au niveau n qui est proportionnelle au nombre de postes de dépenses du

niveau n qui se note $\Sigma_{1àn} N.e$ avec N : nombre de producteurs par niveau et e : nombre de postes de dépenses par producteur.
Il ne s'agit pas ici d'étudier la faisabilité ou la tenue des attachements mais de calculer par excès la puissance investie pour ces modernisations.
Ce problème peut se schématiser par la figure 6, par analogie avec un milieu rectangulaire de longueur l suivant x de largeur N, et d'épaisseur e, soumis à une action extérieure uniformément répartie σ_F dans la direction $\vec{x}$.

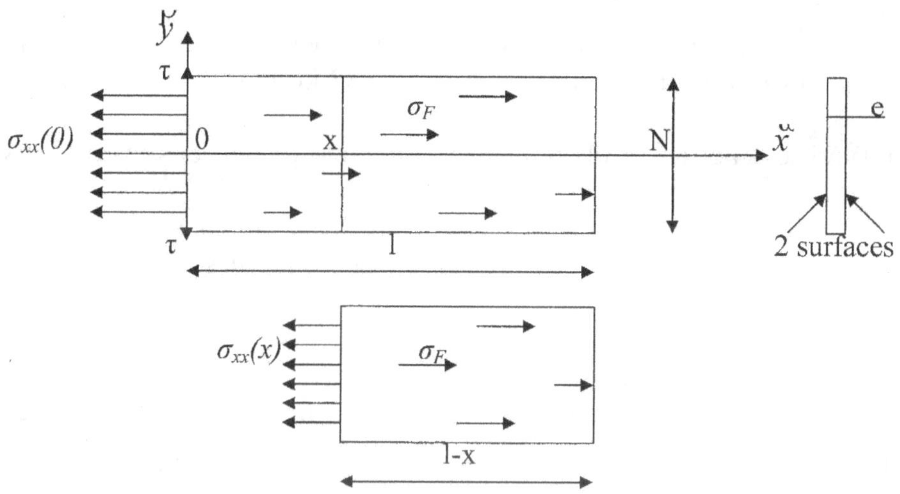

Figures 6. Schématisation des coûts de modernisation σ_F et des actions de cohésion financière $\sigma_{xx}(x)$

Dans cette schématisation, la répartition des niveaux d'administration par valeurs discrètes a été remplacée par une répartition continue de x = 0 à x = l, afin de simplifier les calculs.
Le montant du coût de modernisation par producteur σ_F doit dépasser un certain seuil noté σ_{So} pour permettre une modernisation suffisante.
L'équilibre des actions financières pour un domaine quelconque situé entre x et l amène : $\sigma_{xx(x)}.N.e = \sigma_F.2.N.(l - x)$ (A)
Cette relation servira plus loin de vérification, elle n'est pas issue de la MBS.
On admet que l'état de sollicitation est une élongation pure, et que les contraintes de cohésion entre administrations sont de la forme :

$$\overline{\overline{\sigma}}(x) = \begin{bmatrix} \sigma_{xx(x)} & 0 & 0 \\ 0 & 0 & 0 \\ 0 & 0 & 0 \end{bmatrix}_{\vec{x},\vec{y},\vec{z}} .$$

b) Données.

Avec σ_F = 20 k.€/producteur, σ_{So} =20 k.€/poste de dépenses, l = 100 niveaux,

N = 15 producteurs/niveau, e = 3 postes de dépenses/producteur

k = 650 k.€/poste de dépenses, coefficient de comportement du milieu, voir (F).

On trouve avec (A) :

$\sigma_{xx}(x)$ = 13,33.(100 – x) k€/poste de dépenses (B)

$\sigma_{xx}(x)$ est maxi en x = 0 : $\sigma(0)$= 1333 k€/poste de dépenses.

On vérifie que le seuil financier σ_{So} permettant des évolutions irréversibles est atteint chez tous les producteurs : $\sigma_{xx(x)} = \sigma_{So} = 20$ pour (100 – x) = 1,5 et par conséquent seuls les niveaux de financement de x = 98,5 à 100 sont en dessous du seuil, ce qui est négligeable.

c) Fonction de charge.

Elle est ici nécessaire, contrairement à l'exemple 2, pour écrire les relations entre les évolutions $d\varepsilon^p{}_{ij}$ et les σ_{ij}. Elle exprime l'équilibre des contraintes internes lorsque l'irréversibilité est atteinte. L'évolution irréversible se produit par des glissements à 45° par rapport à l'axe x, sous une contrainte de cisaillement $\tau_C = \sigma_S / \sqrt{3}$ ou sous une traction d'intensité σ_S. Dans le cas général, l'irréversibilité est atteinte pour $\sigma = +ou - \sigma_S$ (bien que dans le cas présent $\sigma_{xx} > 0$), la fonction de charge s'écrit donc

$$f(\sigma_{ij}, \sigma_S) = \sigma_{xx}{}^2 - \sigma_S{}^2 = 0 \qquad \text{(C)}$$

La loi d'évolution est exprimée avec $f(s_{ij})$ où s_{ij} résultent de la décomposition bien connue des σ_{ij} en partie sphérique et déviateur :

$\sigma_{ij} = \sigma_{moy}.\delta_{ij} + s_{ij}$ avec, par définition, $s_{kk} = 0$, donc

$$\sigma_{moy} = \sigma_{kk} / 3 \qquad \text{(C')}$$

Les 3 contraintes égales $\sigma_{moy}.\delta_{ij}$ ne produisent aucun glissement dans le milieu, contrairement aux contraintes s_{ij} qui sont les seules responsables de l'atteinte du seuil irréversible. On exprime donc la fonction de charge en fonction de ces dernières à l'aide de (C) et (C') :

$$f(s_{ij}) = s_{xx}^2 + s_{yy}^2 + s_{zz}^2 - 2/3.\sigma_S^2 = 0 \qquad \text{(C'')}$$

d) La loi de normalité (voir I.3) permet de calculer l'incrément de déformation irréversible: $d\varepsilon^p{}_{ij} = s_{ij}.d\lambda$ avec

$$d\lambda = \frac{9}{8} \cdot \frac{d_o f(s_{ij})}{\sigma_S^2 . g'(\varepsilon^p)} \qquad \text{(D) (E)}$$

où $d_o f(s_{ij})$ est la variation de f due aux variations des s_{ij}, soit

$$d_o j(s_{ij}) = 2.(s_{xx}.ds_{xx} + s_{yy}.ds_{yy} + s_{zz}.ds_{zz})$$

où $g'(\varepsilon^p)$ est la dérivée de la loi de comportement du milieu. Avec le choix d'une consolidation linéaire du milieu en fonction de la déformation, cette loi s'écrit :

$$\sigma_S(\varepsilon^p) = g(\varepsilon^p) = \sigma_{So} + k.\varepsilon^p \qquad \text{(F)}$$

avec $g'(\varepsilon^p) = k$ (voir données)

Dans notre cas $\sigma_{S(x)} = \sigma_{xx(x)}$ et $\varepsilon^p_{(x)} = \varepsilon_{xx(x)}$. On en déduit :

$$d\sigma_{xx(x)} = k.d\varepsilon_{xx(x)} \qquad \text{(F')}$$

e) Conditions aux limites sur le milieu.

Contraintes imposées :

- sur les 2 surfaces d'aire (N.l) chacune: $\sigma_F.\vec{x}$ uniforme.
- sur la surface x=0 : $\sigma_{xx(0)}.\vec{x}$ à déterminer, et contrainte tangentielle éventuelle $\tau.\vec{y}$.
- sur les 3 autres surfaces: contraintes extérieures nulles.

Déplacements imposés :

sur la surface x=0 : $\vec{U}(0,y).\vec{x} = \vec{0}$ et le système de liaison avec la paroi extérieure de référence doit permettre des petits déplacements suivant $\vec{y}$ et $\vec{z}$.

f) Choix d'une famille de déplacements virtuels conformément à la MBS.

L'application de la règle de la borne supérieure de la puissance de déformation nécessite le choix d'un champ de déplacement $\vec{U}^*(M)$ raisonnablement admissible c'est-à-dire vérifiant la condition à la limite $\vec{U}(0,y).\vec{x} = \vec{0}$ (x=0 est choisi comme référence), et qui vérifie l'invariabilité du volume (les déformations élastiques sont négligées) lors des déformations irréversibles, c'est-à-dire $div\vec{U}^* = 0$.

Choix d'un champ à 2 paramètres a et b : $U^*_x = a.\dfrac{x^2}{2} + b.x$

Mais on ne peut déterminer qu'un seul paramètre avec la condition d'énergie minimale. On impose donc une autre condition, réaliste et très admissible : $\left(\dfrac{dU^*_x}{dx}\right)_{x=l} = 0$ ce qui donne $a = -\dfrac{b}{l}$.

Le champ choisi s'écrit donc $U^*_x = b.\left(-\dfrac{x^2}{2.l} + x\right)$.

Il a l'allure d'une parabole renversée qui a son maximum en $x = l$.

En définitive, ce champ érifie les conditions aux limites ($U^*_{x(x=0)} = 0$) et l'invariance du volume du milieu (car $div\vec{U}^* = 0$). Il est donc adopté :

$$U^*_x = b.\left(-\frac{x^2}{2.l} + x\right) \qquad \text{et}$$

$$U^*_y = -\frac{y.b}{2}.(-\frac{x}{l}+1) \qquad U^*_z = -\frac{z.b}{2}.(-\frac{x}{l}+1) \qquad \text{(G)}$$

On remarque que la contraction transversale (U^*_y et U^*_z) est maximale en *x=0* et diminue linéairement avec x pour s'annuler en *x=l*.

g) Taux de déformations et contraintes déduites de ce champ virtuel.

A partir du champ des déplacements (des évolutions) choisi, les relations précédemment établie s'enchaînent de la manière suivante :

$$\varepsilon^*_{xx} = b.\left(-\frac{x}{l}+1\right) \qquad \text{puis} \qquad d\varepsilon^*_{xx} = -\frac{b}{l}.dx \qquad \text{(H)}$$

….avec la loi d'écoulement (D)(E) :

$$d\varepsilon^*_{xx} = s_{xx}.d\lambda \qquad \text{où} \qquad d\lambda = \frac{9}{8}.\frac{d_o f(s_{ij})}{\sigma_S{}^2.g'_{(\varepsilon^p)}}$$

….et, avec (C'), et seul $\sigma_{xx} \neq 0$, on trouve

$$s_{xx} = 2/3.\sigma_{xx} \qquad s_{yy} = -1/3.\sigma_{xx} = s_{zz}$$

Ensuite, à l'aide de $f(s_{ij}) = s_{xx}{}^2 + s_{yy}{}^2 + s_{zz}{}^2 - 2/3.\sigma_S{}^2 = 0$ (C'')

On calcule

$$d_o f = 2.(s_{xx}.ds_{xx} + s_{yy}.ds_{yy} + s_{zz}.ds_{zz}) = 4/3.\sigma_{xx}.d\sigma_{xx} \qquad \text{(I)}$$

puis $d\lambda = 3/2.\sigma_{xx}.d\sigma_{xx}$

Dans (E), $g'_{(\varepsilon)}$ est la pente de la loi rhéologique (F)

$\sigma_S = \sigma_{So} + k.\varepsilon^p$, donc $g'_{(\varepsilon^p)} = k$.

La loi d'écoulement (D) et (E) amène les relations :

$$d\varepsilon^p{}_{xx} = s_{xx}.d\lambda \qquad d\varepsilon^p{}_{yy} = s_{yy}.d\lambda = d\varepsilon^p{}_{zz}$$

Puis, avec (F') : $$d\varepsilon^p{}_{xx} = \frac{1}{k}.d\sigma_{xx} \qquad \text{(J)}$$

Et enfin : $$d\varepsilon^p{}_{yy} = -\frac{1}{2.k}.d\sigma_{xx} = d\varepsilon^p{}_{zz} \qquad \text{(J')}$$

On peut alors calculer les contraintes $\sigma_{xx(x)}$ en sommant (J) de x à l :

$$\int_x^l d\sigma_{xx} = k.\int_0^l d\varepsilon^p_{xx} \qquad \text{avec} \quad \sigma_{xx(l)} = 0$$

On trouve

$$\sigma_{xx(x)} = b.k.\frac{l-x}{l} \qquad \text{et} \qquad \sigma_{yy} = \sigma_{zz} = 0 \qquad \text{(K)}$$

Remarque 1.

On ne tient pas compte des taux de déformation dus aux déplacements transversaux $U^*_y \; et U^*_z$ qui donnent

$\varepsilon^*_{xy} = 1/2.(U^*_{x,y} + U^*_{y,x}) = y.b/(2.l)$ puis $d\varepsilon^*_{xy} = 0$ et $s_{xy} = 0$

Et de même $s_{xz} = 0$, $s_{yz} = 0$. Ceci est en accord avec l'hypothèse faite sur le tenseur des contraintes lors de la mise en place du problème.

Remarque 2.

Toutes les relations restent valables si on remplace les déplacements U_i par les vitesses de déplacements $\dot{U}_i$, ce qui change les ε_{ij} en $\dot{\varepsilon}_{ij}$, et permet de définir des puissances plutôt que des énergies.

h) Puissance ou énergie d'évolution à mettre en jeu dans la réorganisation des administrations.

Le théorème de la borne supérieure de la puissance de déformation ou d'évolution, établi en Annexe 1, s'écrit, pour un volume *V* d'éléments de surface *S* (S_F est la partie de *S* où les actions surfaciques sont données):

$$\int_V \sigma^*_{ij}.\dot{\varepsilon}^*_{ij}.dv - \int_{SF} \vec{T}^d.U^*.ds \geq \int_V \sigma_{ij}.\dot{\varepsilon}_{ij}.dv - \int_{SF} \vec{T}^d.U.ds \qquad \text{(L)}$$

Le membre de gauche est composé de puissances virtuelles calculées à partir du champ approché de vitesses de déformations $\vec{\dot{U}}^*$ (relations (G)). Le membre de droite est calculé avec le champ réel solution $\vec{\dot{U}}$ que l'on ne connaît pas.

Il faut minimiser le membre de gauche en jouant sur le paramètre *b* encore inconnu pour approcher au mieux les puissances réelles de droite.

La signification des termes de gauche est la suivante :

$W^*_{intérieure}(U^*)$ énergie intérieure dissipée par déformation plastique ou évolution irréversible

$$W^*_{intérieure}(U^*) = \int_V \sigma^*_{ij}.d\dot{\varepsilon}_{ij}^*.dv \qquad \text{(M)}$$

$W^*_{extérieure}(U^*)$ énergie développée par l'extérieur sur le milieu

$$W^*_{extérieure}(U^*) = \int_{SF} \vec{T}^d . \vec{U}^* .da \quad \text{(N)}$$

Dans $W^*_{intérieure}(U^*)$ seul le terme $\sigma^*_{xx}.\varepsilon^*_{xx}$ est différent de 0, et $dv=N.e.dx$

$W^*_{intérieure}(U^*)$

$$= \int_V \sigma^*_{xx}.d\dot{\varepsilon}^*_{xx}.dv = b^2.N.e.k.\int_0^l \left(1-\frac{x}{l}\right)^2 .dx = b^2.N.e.k.\frac{l}{3} \quad \text{(O)}$$

Dans $W^*_{extérieure}(U^*)$, les actions extérieures surfaciques $\vec{T}^d$ sont des actions données :

- ce sont $\sigma_F.\widehat{x}$ sur chaque face parallèle à $(\vec{x}, \vec{y})$ qui donnent

$W^*_{extérmotrice}(U^*)$

$$= \int_{SF} \sigma_F.\dot{U}_x.da = 2.b.\sigma_F.N.\int_0^l \left(-\frac{x^2}{2.l}+x\right).dx = 2.b.\sigma_F.N.\frac{l^2}{3} \quad \text{(P)}$$

- et τ , composante tangentielle du « frottement », sur la face x=0, qui s'oppose au déplacement $U^*_{y(x=0)} = -\frac{y.b}{2}$, et avec $da=e.dy$ sur cette face ;

$W^*_{extérrésistante}(U^*)=$

$$-\int_{x=0} \tau.\dot{U}^*_y.da = -2.\tau.e.\frac{b}{2}.\int_0^{H/2} y.dy = -\tau.e.b.\frac{H^2}{8}. \quad \text{(Q)}$$

En rassemblant ces résultats dans la fonctionnelle du théorème de la borne supérieure

$$F(\vec{U}^*) = \int_V \sigma^*_{ij}.\dot{\varepsilon}^*_{ij}.dv - \int_{SF} \vec{T}^d.U^*.ds$$

il vient

$$F(\vec{U}^*) soit F(b) = b^2.N.e.k.\frac{l}{3} - b\left(N.\sigma_F.\frac{2}{3}.l^2 - \tau.e.\frac{H^2}{8}\right) \quad \text{(R)}$$

La valeur optimale du paramètre *b*, qui fournit le champ virtuel des déplacements le plus proche du champ solution est celle qui correspond au minimum de la parabole d'équation $F(b)$. Cette condition $\frac{dF(b)}{db}=0$ fournit :

$$b_{op}=\left(N.\sigma_F.\frac{2}{3}.l^2-\tau.e.\frac{H^2}{8}\right)\Big/\left(N.e.k.\frac{l}{3}\right) \qquad \text{(S)}$$

On constate que l'application numérique nécessite une valeur de la contrainte tangentielle de frottement τ. Celle-ci est une fraction de $\sigma_{xx(x=0)}=1333$ (en k.€/poste de dépenses) calculée avec (A). Cette fraction étant inconnue (grossièrement entre 0 et 0.6), l'application numérique serait incertaine.

Mais il existe une bonne raison pour ne pas tenir compte de ce terme, c'est-à-dire pour penser que cette fraction est voisine de 0 : la présence de τ à l'extérieur implique l'existence à l'intérieur d'une contrainte de cisaillement σ_{xy} lorsque x tend vers 0. Or σ_{xy} a été choisie nulle dans la mise en place du problème (voir a)).

D'autre part, le fait que $\dot{U}_{y(x=0)}\neq 0$ n'est pas révélateur d'un cisaillement, cette contraction transversale assure l'invariance du volume, elle compense l'allongement longitudinal. Pour ces raisons, on s'autorise donc à négliger les effets de τ et on adopte :

$$b_{op}=\left(N.\sigma_F.\frac{2}{3}.l^2\right)\Big/\left(N.e.k.\frac{l}{3}\right) \qquad \text{(T)}$$

Soit $$b_{op}=2.\frac{\sigma_F.l}{k.e} \qquad \text{(U)}$$

Et en reportant dans l'équation du champ (G)

$$U^*_{xop}=2.\frac{\sigma_F.l}{k.e}\left(-\frac{x^2}{2.l}+x\right) \qquad \text{(V)}$$

Et en reportant dans la contrainte (K)

$$\sigma_{xx(x)}=2.\frac{\sigma_F}{e}.(l-x) \qquad \text{(W)}$$

On constate que ce résultat est identique à celui que fournit l'équation d'équilibre (A), c'est-à-dire que l'application du théorème de la borne supérieure donne un résultat approché qui, exceptionnellement, coïncide avec la solution exacte. Cette coïncidence heureuse est peut être due aussi au fait que l'on a négligé les effets de τ.

Dans ce contexte, avec (O) et (W), l'énergie totale à mettre en jeu dans cette évolution de la distribution des aides aux producteurs est

$$W^*_{intérieure}(U^*) = \frac{4}{3} \cdot \frac{\sigma_F^2 . N . l^3}{k.e}$$

soit $W^*_{intérieure}(U^*) = 51.10^3$. Cette énergie est *homogène* au produit contrainte-longueur au cube, c'est-à-dire au produit du coût de modernisation (en k.€) par producteur, par un paramètre qui rend compte du nombre total de producteurs.
Cette valeur approchée a été obtenue sans connaître le champ des déplacements ou d'évolutions exact ; c'est l'intérêt de la méthode de la borne supérieure et des évolutions virtuelles.

Bibliographie.

[1] G. Allan, Théorie des attachements. Sociologie et thermodynamique. Ed. Univ. Européennes.
[2] J. Lemaitre et J.L. Chaboche, Mécanique des matériaux solides, Dunod.
[3] J. Salençon, Mécanique des milieux continus, Tome II , Ellipses.
[4} W.A. Backofen, Deformation processing, Addison-Wesley.

Annexe 1. Variables et potentiels en thermomécanique

Il ne s'agit pas ici de rétablir complètement les relations de ce domaine, mais d'évoquer quelques passages-clés d'après [2] et [3], avec les notations bien connues.

On part du 2ème principe $\int_\Omega \rho.\frac{ds}{dt}.dv \geq \int_\Omega \frac{r}{T}.dv - \int_{\partial\Omega} \frac{\vec{q}.\vec{n}}{T}.ds$

où r est le terme de rayonnement,

soit $\rho.\frac{ds}{dt} + div\left(\frac{\vec{q}}{T}\right) - \frac{r}{T} \geq 0$ où

$$div\left(\frac{\vec{q}}{T}\right) = \frac{1}{T}.div\vec{q} - \vec{q}.\frac{\vec{grad}T}{T^2}$$

Puis on introduit le 1er principe $\frac{r}{T} = \frac{1}{T}.\left(\rho.\dot{u} - \sigma_{ij}.\dot{\varepsilon}_{ij} + q_{i,i}\right)$

…et avec l'énergie libre $\psi = u - T.s$ (notée aussi F = U – T.S) ou potentiel thermodynamique, on obtient l'équation de **Clausius-Duhem** :

$$\sigma_{ij}.\dot{\varepsilon}_{ij} - \rho.\left(\frac{d\psi}{dt} + s.\frac{dT}{dt}\right) - \vec{q}.\frac{\vec{grad}T}{T} \geq 0$$

- Variables thermodynamiques ou **variables d'état** (variables indépendantes) :

observables ε , T associées aux variables σ, s

internes $\varepsilon^e, \varepsilon^p$, V_k associées aux variables $\sigma, -\sigma, A_k$

« On postule l'existence d'un potentiel thermodynamique ψ duquel dérivent les **lois d'état** » :

$$\underline{\underline{\sigma}} = \rho.\frac{\partial \psi}{\partial \underline{\underline{\varepsilon}}^e} \qquad s = -\frac{\partial \psi}{\partial T} \qquad A_k = \rho.\frac{\partial \psi}{\partial V_k}$$

Le potentiel thermodynamique $\psi(\varepsilon, \varepsilon^e, \varepsilon^p, T, V_k)$, fonction des variables flux, donne les **lois d'état** (ou lois de comportement) dont la forme générale est

$$\frac{\partial \psi}{\partial(\text{var}\,iablesflux)} = Vecteur.\,\vec{grad}\psi$$

Le vecteur « forces thermodynamiques » a pour composantes $\underline{\underline{\sigma}}$, s et A_k.

Ce vecteur est normal à la surface ψ = cte, d'on l'appellation **lois de normalité**.

• La fonction dissipation ϕ est l'inégalité de Clausius Duhem écritee avec les lois d'état thermodynamique

$$\phi = \underline{\underline{\sigma}} : \underline{\underline{\dot{\varepsilon}^p}} - A_k.\dot{V}_k - \vec{g}.\vec{q} / T \geq 0$$

Le dernier terme étant indépendant des 2 premiers, on en déduit 2 inégalités.

On définit deux natures de variables de dissipation :

variables flux : $\dot{\varepsilon}^p, -\dot{V}_k, -\frac{\vec{q}}{T}$

variables duales ou forces : $\sigma, A_k, \vec{g} = grad\vec{T}$

Pour décrire les processus dissipatifs, il faut une autre fonction appelée potentiel des dissipations $\varphi\left(\dot{\varepsilon}_{ij}^p, \dot{V}_k, \frac{\vec{q}}{T}\right)$ qui relie les variables internes à ses dérivées…

$$\underline{\underline{\sigma}} = \frac{\partial \varphi}{\partial \underline{\underline{\dot{\varepsilon}^p}}} \qquad A_k = -\frac{\partial \varphi}{\partial \dot{V}_k} \qquad \vec{g} = -\frac{\partial \varphi}{\partial (\vec{q}/T)}$$

• Avec la transformée de Legendre-Fenchel, on obtient la loi de la plasticité, la loi d'évolution des variables internes et la loi de Fourrier :

$$\underline{\underline{\dot{\varepsilon}^p}} = \frac{\partial \varphi^*}{\partial \underline{\underline{\sigma}}} \qquad -\dot{V}_k = \frac{\partial \varphi^*}{\partial A_k} \qquad -\frac{\vec{q}}{T} = \frac{\partial \varphi^*}{\partial \vec{g}}$$

Dans [2] on trouve aussi les formulations lagrangiennes ; les variables d'état sont T et les composantes du tenseur $\underline{\underline{e}}$ et les lois de dissipations sont, en expression lagrangienne :

$$\underline{\underline{\pi}} : \underline{\underline{\dot{e}}} - \rho_0.(\psi^{\cdot} - s.\dot{T}) \geq 0 \qquad \text{et} \qquad -\underline{q_0}.\frac{\underline{\nabla T}}{T} \geq 0$$

…d'où les lois d'état

$$\underline{\underline{\pi}} = \rho_0 . \frac{\partial \psi_{(T,\underline{\underline{e}})}}{\partial \underline{\underline{e}}} \qquad \text{et} \qquad s = -\frac{\partial \psi_{(T,\underline{\underline{e}})}}{\partial T}$$

Où $\underline{\underline{\pi}}$ et s sont les variables forces , $\underline{\underline{e}}$ et T sont les variables flux lagrangiennes. Avec la transformée de L-F on obtient les autres lois d'état

$$\underline{\underline{e}} = \rho_0 . \frac{\partial \psi^*_{(T,\underline{\underline{\pi}})}}{\partial \underline{\underline{\pi}}} \qquad \qquad s = \frac{\partial \psi^*_{(T,\underline{\underline{\pi}})}}{\partial T}$$

Convexité de ψ par rapport à $\underline{\underline{e}}$ ou $\underline{\underline{\varepsilon}}$ (elle entraîne la convexité de ψ^* par rapport à $\underline{\underline{\pi}}$ ou $\underline{\underline{\sigma}}$):

C'est la propriété de stabilité du comportement thermoélastique du matériau qui impose cette convexité. On vérifie que la fonction $\psi(T,\underline{\underline{\varepsilon}})$ qui est une fonction quadratique en $\underline{\underline{\varepsilon}}$, est une fonction convexe de $\underline{\underline{\varepsilon}}$ (le graphe de ψ doit être du type paraboloïde).

Un comportement stable est un comportement, qui n'évolue pas en l'absence d'effets extérieurs.

La fonction ψ doit être concave par rapport à T.

Annexe 2. Etablissement du théorème de la borne supérieure de la puissance de déformation ou d'évolution.

Reprenons l'équation (II) du paragraphe II.4 qui aboutit au théorème de la borne supérieure de l'énergie de déformation irréversible d'un volume V :

$$\int_V \sigma_{ij}^* . \dot{\varepsilon}_{ij}^* . dv \geq \int_V \sigma_{ij} . \dot{\varepsilon}_{ij}^* . dv \qquad \text{(a)}$$

La frontière S de ce volume se compose d'une surface Su où les déplacements sont donnés (notés $\vec{U}^d$), et d'une surface SF où les actions surfaciques sont données (notées $\vec{T}^d$), avec Su $\cap$ SF = ϕ et Su $\cup$ SF = S.

L'inégalité ci-dessus peut se transformer en :

$$\int_V \sigma_{ij}^* . \dot{\varepsilon}_{ij}^* . dv \geq \int_V \sigma_{ij} . \dot{\varepsilon}_{ij} . dv + \int_V \sigma_{ij} . \dot{\varepsilon}_{ij}^* . dv - \int_V \sigma_{ij} . \dot{\varepsilon}_{ij} . dv \qquad \text{(b)}$$

Or $\int_V \sigma_{ij} . \left(\dot{\varepsilon}_{ij}^* - \dot{\varepsilon}_{ij}\right) dv = \int_{Su} \vec{T} . \vec{U}^{*d} . ds + \int_{SF} \vec{T}^d . \vec{U}^* . ds - \int_{Su} \vec{T} . \vec{U}^d . ds$ ....

.... $- \int_{SF} \vec{T}^d . \vec{U} . ds$ (c)

Avec les 1er et 3ème termes du second membre égaux car le champ virtuel doit vérifier les conditions aux limites, soit $\vec{U}^{*d} = \vec{U}^d$ sur *Su*, l'inégalité devient

$$\int_V \sigma^*{}_{ij} . \dot{\varepsilon}^*{}_{ij} . dv - \int_{SF} \vec{T}^d . U^* . ds \geq \int_V \sigma_{ij} . \dot{\varepsilon}_{ij} . dv - \int_{SF} \vec{T}^d . U . ds \qquad \text{(d)}$$

Enfin on peut remplacer SF par S car $\vec{T}^d$ est par définition nul en dehors de SF.

$$\int_V \sigma^*{}_{ij} . \dot{\varepsilon}^*{}_{ij} . dv - \int_S \vec{T}^d . U^* . ds \geq \int_V \sigma_{ij} . \dot{\varepsilon}_{ij} . dv - \int_S \vec{T}^d . U . ds \qquad \text{(e)}$$

Le premier terme est la puissance virtuelle dissipée par la déformation plastique ou évolution irréversible, notée $\dot{W}_{\text{int}(U^*)}$, et le 3ème terme est cette même puissance réelle, notée $\dot{W}_{\text{int}(U)}$.

Le membre de gauche de l'inégalité est une fonctionnelle du champ virtuel, noté $F(\vec{U}^*)$, qu'il faut minimiser pour s'approcher du second membre, d'où l'appellation méthode de la borne supérieure.

Ainsi, il n'est pas nécessaire de connaître la solution exacte en déplacements, on peut s'en approcher de manière satisfaisante en recherchant la solution approchée par excès de la puissance réelle de déformation irréversible.

3. Formation et morphologie des groupements lors d'un abaissement de la vitalité

On reprend la notion de matières généralisées, ainsi que les grandeurs qui y sont associées, comme dans la théorie des attachements [1].
Avec les adaptations habituelles du vocabulaire, on traite sans distinction les matières physiques et les matières généralisées. Dans le cas d'un abaissement de la vitalité, des transformations comme les migrations, les diffusions peuvent se produire. Comment s'initient et s'organisent les mouvements d'une population d'éléments et les petites ségrégations qui aboutissent à d'éventuels groupements, et comment se met en place la cohabitation avec leurs voisins ?

I. MISE EN SITUATION DE L'ETUDE

Partant d'observations de la matière physique, la configuration initiale des ensembles d'éléments considérés est celle d'un mélange total, avec des relations, des liens entre ces éléments qui sont faibles, provisoires, très changeants. La configuration finale présente des regroupements, des agrégats, des ségrégations, à l'intérieur desquels les relations sont fortes. Entre ces différents groupements, il y a des frontières avec des énergies de surface.
Dans les matières généralisées, on peut entrevoir quelques cas réels d'évolutions entrant dans cette description schématique, comme le passage de la vie étudiante à la vie dans le monde du travail, comme le passage de la vie des joyeux célibataires à la vie en couples mariés, comme le passage du travail à la campagne au travail à Paris, comme

la migration des Auvergnats à Paris, passant d'une situation d'isolés à une organisation en communauté très soudée, etc.
On aborde ces sujets en s'inspirant des mécanismes de germination et de croissance dans les matières physiques (métaux, polymères), dans les changements de phases liquide-solide et solide-solide lorsqu'ils correspondent à un abaissement de température [2], [3].

Comme dans les matières physiques, un changement de phase dans les matières généralisées est un changement d'apparence, de comportement, d'organisation entre éléments, sans variation de la composition de la population. Les changements de phases considérés ici sont causés par un abaissement de la vitalité dans les matières généralisées, ils aboutissent là aussi à une situation plus ordonnée. Les transformations inverses où, par augmentation de la vitalité, on aboutirait à une situation plus désordonnée, ne sont pas concernées par cette étude car la définition, et le signe de certaines grandeurs seraient dans ce cas, non valables.

Il ne s'agit pas ici d'envisager la faisabilité ou non d'attachements entre deux populations Ai et Bj. Si on n'a affaire qu'à des éléments Ai, on étudie leur changement de phase, c'est-à-dire le passage d'une phase α à une phase β. N'avoir qu'une seule catégorie d'éléments est analogue à n'étudier les changements de phases que dans les corps purs, sans aucun élément d'alliage. Mais ceci restreint beaucoup les cas d'études dans les matières aussi bien physiques que généralisées. Souvent nous considérerons donc deux populations d'éléments, les Ai constituant la phase majoritaire α, et les Bj, constituant la phase minoritaire β appelée aussi seconde phase.

La question étudiée ici est celle de la formation des regroupements, et de leurs structures, lors du passage d'une phase peu ordonnée à une phase très ordonnée, c'est-à-dire lors d'un abaissement de la vitalité du milieu. La variation de l'énergie de Gibbs, ou enthalpie libre G, est un indicateur essentiel de la plus ou moins grande faisabilité de ces évolutions (il n'est pas nécessaire ici de faire appel au second principe pour prédire le sens de l'évolution car il est connu dans les cas étudiés).

La définition de cette grandeur a été donnée dans [1]. Rappelons qu'en thermo, G dépend de la température T et de la pression p. Autrement dit, dans les matières généralisées, G dépend de la vitalité des éléments pour réaliser la transformation en cours, et des actions autoritaires s'exerçant partout et uniformément sur les éléments, ce qui limite leurs fluctuations de positions relatives. Une variation ΔG représente une combinaison d'énergies mises en jeu lors d'une évolution.

Dans la relation généralisée ΔG = ΔH – T.ΔS où H est l'enthalpie et S l'entropie du milieu, ΔH représente l'énergie « de construction » de la structure transformée, (apport des éléments, leur juxtaposition, leur assemblage), et le produit de la motivation T par l'augmentation du nombre de configurations ΔS est appelé capacité d'adaptation du milieu. Plus ce terme T.ΔS est élevé, plus ΔG est faible, mais le travail de construction ΔH a un effet contraire, et ΔG représente la balance entre la difficulté et la facilité à réaliser une évolution. Plus ΔG est faible voire négative, plus la faisabilité est grande ; on dit subjectivement que G est à l'image de la satisfaction du milieu dans cette évolution.

La formation de regroupements s'effectue lorsque l'effervescence, la vitalité entre éléments qui font et défont leurs liaisons sans cesse, décroît. Elle débute toujours en deçà d'une certaine vitalité seuil, c'est-à-dire lorsque l'agitation dans les populations d'éléments s'affaiblit, permettant à des regroupements naissants, d'essayer de grandir par agglomération d'éléments voisins ; même si l'agitation brise bon nombre de ces édifices débutants dans la seconde phase, statistiquement, d'autres seront préservés.

Lorsque ces germes parviennent à agglomérer un nombre suffisant d'éléments, le germe dépasse une taille dite critique et ne peut que se développer. Il faut bien imaginer que dans cet édifice en croissance, les éléments au milieu du germe ont des liaisons complètes avec leurs voisins, mais que les éléments en surface ont un manque de liaisons car ils sont à la frontière entre leur milieu et le milieu étranger de l'extérieur. Il y a donc bien lieu de distinguer ΔG en volume et ΔG en surface du regroupement.

Pour résumer et compléter ce point de vue, cette variation ΔG est en général due à la variation ΔG_V en volume, à ΔG_S en surface de l'agglomérat, et à la variation ΔG_N due à une entropie de configuration de la répartition des germes :

$$\Delta G = \Delta G_V + \Delta G_S + \Delta G_N \qquad (1)$$

Dans l'expression $\Delta G_v = K_v.n^3.\Delta g_v$

n^3 est le nombre d'éléments dans le germe ou volume du germe, et Δg_v est l'enthalpie libre volumique de formation du germe.

De même $\Delta G_s = K_s.n^2.\gamma$ avec

n^2 : nombre d'éléments en surface du germe ou surface du germe,
γ : énergie de surface ou tension de surface, positive.

(l'énergie de surface γ en mN/m^2 est causée par le manque de liaisons des éléments en surface. γ représenta aussi la tension linéaire de surface en N/m, c'est à dire la tension de la « membrane » qui contiendrait le groupement de phase β)

Enfin $\Delta G_N = -T.\Delta S_N$ est négatif.

Le nombre de germes qui minimise ΔG_N est (voir Fig. 1) :

$$N^* = K.\exp\left(-\Delta G_g / R.T\right) \quad \text{avec} \quad \Delta G_g = \Delta G_v + \Delta G_s$$

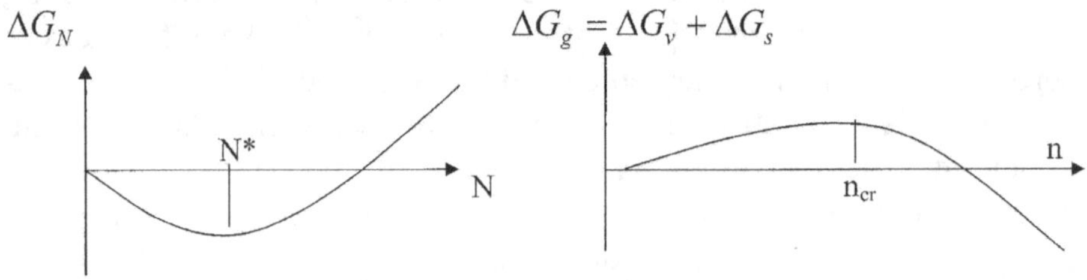

Figures 1, [3].

La taille critique r_{cr} du germe (ou nombre critique d'éléments n_{cr} le constituant) est la taille au-delà de laquelle il est stable, c'est-à-dire qu'il ne peut que croître. On peut dans certains cas calculer ce r_{cr} en écrivant $d\Delta G_g / dr = 0$, ce qui donne

$$r_{cr} = 2.\gamma / \Delta g_v \qquad (2)$$

II. CONSTITUTION DE LA MATIERE GENERALISEE : UNE OU DEUX POPULATIONS D'ELEMENTS

• Considérons le cas où le changement de phase (changement de comportement, d'organisation, à composition invariante) α → β a lieu dans une population homogène. La variation de G est nulle lors de cette transformation, car elle est un passage qui se fait en équilibre, de manière non forcée, à agitation constante, et où tous les éléments au sein du milieu α-β gardent la même énergie de liaison à l'instant précis de ce passage.

On a donc $$\Delta G = G_\beta - G_\alpha = 0$$

d'où, avec G = H –T.S ; $$H_\beta - H_\alpha = T.(S_\beta - S_\alpha)$$

Dans la relation $$\Delta G = \Delta G_V + \Delta G_S \ ,$$

ΔG_v est proportionnel à ΔH_v et négative car $S_\beta < S_\alpha$, car β est plus ordonnée.

- Lorsque le changement de phase α → β a lieu dans un mélange de deux populations Ai et Bj , la variation d'enthalpie libre est non nulle, elle se produit dans une plage de vitalité (de température) du début à la fin de la transformation.

Un exemple de population à deux éléments peut être l'ensemble des individus et de leur chien, qui initialement sont liés avec un comportement très désordonné (le maître ignore la bonne conduite, son chien est indiscipliné, il cause toutes sortes de nuisances). Ces couples se transforment lorsque le désordre, image de la vitalité, décroit, et ils deviennent plus respectueux de la vie en société. Cette transformation doit affecter tous les éléments des deux ensembles {individus} + {chiens}, ce qui ne peut se faire à un degré unique de vitalité.

III. LES DEUX TYPES DE GERMINATION : HOMOGENE OU HETEROGENE

La germination des regroupements peut se faire au sein de la phase majoritaire, au hasard, ou dans d'autres circonstances elle préfère débuter sur des sites ponctuels (éléments étrangers, lacunes) qui rendent plus facile le démarrage de l'édifice de la nouvelle phase. Une germination homogène est l'apparition d'un germe de seconde phase de taille supérieure à la taille critique, au milieu de la phase majoritaire, sans profiter de singularités de structure, et il est de forme généralement isotrope. La germination hétérogène apparaît sur des singularités de structure de la phase majoritaire, et en forme de calotte sphérique pour épouser au mieux ces accidents de structure. Elle apparaît aussi sur des frontières dites rugueuses qui présentent des accrochages possibles pour la phase naissante.

Il n'y a quasiment pas d'entropie de configuration en germination hétérogène : $\Delta G_N = 0$

L'expression du nombre critique d'éléments n_{cr} constituant les petites sphères ou les calottes (germes homogènes ou hétérogènes), est la même. Mais pour une sphère et une calotte contenant le même nombre d'éléments, le rayon $r_{crhétéro}$ est très supérieur au rayon $r_{cr\,homo}$. De plus la température de début de transformation pour une germination homogène est nettement plus basse que celle pour une germination hétérogène. Lors d'un abaissement de la vitalité, il y a ainsi un retard à la transformation. La germination hétérogène est la plus fréquente.

Exemple 1.

Les campagnes commençant à s'urbaniser, il devient un peu plus difficile de trouver un lieu pour y construire une résidence secondaire. Depuis la situation initiale où la campagne était déserte avec ici et là des appropriations de terrains pour y installer une cabane, une culture, un cheval dans son pré..., un plan d'occupation des sols, des lotissements ont été décidés. Les installations ont germé sur les meilleurs endroits, c'est-à-dire ceux qui augmentent la satisfaction (ceux qui minimisent G), sur les endroits bien aménagés par la route, l'eau, l'électricité, les agréments du fleuve, mais pas en zone inondable. C'est une germination hétérogène qui a couvert ce territoire. Le retard au démarrage d'une construction est dû aux hésitations, à l'indécision, et il est peut être important pour la naissance du germe de la construction lorsque le milieu vallonné et arboré offre beaucoup de sites de démarrage. L'énergie de surface peut provenir des voisins hostiles ou bruyants, d'une exploitation voisine, d'un voisinage avec lequel les relations sont attractives ou répulsives, un peu hors équilibre, voire « tendues ».

Un autre exemple est toujours celui de la construction d'un lotissement, mais en un lieu très ensoleillé, désert, aride et plat. Il n'apparaît aucun critère de choix d'un bon emplacement, l'hésitation et l'indécision sont à leurs maximums, et le retard à la construction grandit. Soudainement, un lieu est choisi au hasard par un constructeur, et tous les autres font de même, la germination des constructions se fait à grande vitesse, et c'est une germination homogène.

Dans ces deux exemples de germination, les éléments sont les emplacements naturels au sol, les Ai, et les Bj sont les matériels qui n'ont pas besoin de se trouver sur place, il faut les y apporter depuis les entrepôts des artisans constructeurs et les assembler.

IV. VITESSE D'APPARITION DES GERMES

On va étudier la vitesse avec laquelle se produit cette transformation, depuis l'apparition de germes β de taille critique jusqu'à la transformation de la totalité en phase β.

Avant de croître, les germes doivent naître. Le nombre de germes apparaissant dans une population donnée (on dit aussi par unité de volume) dépend de la température atteinte lors d'une baisse de l'effervescence. Plus précisément, ce nombre dépend de l'écart entre la température attendue T_{ch} et la température effective T du début de la transformation ; il y a toujours un retard (T_{ch}–T) au démarrage de la transformation α → β. On peut interpréter cet écart par une sorte d'indécision, d'incertitude, à un abaissement de T un peu trop rapide, qui place le milieu hors équilibre, la vitalité à T_{ch} étant encore un peu élevée pour que des germes apparaissent.
La vitesse d'apparition des germes, notée I, est le nombre de germes stables par unité de volume et par unité de temps. Elle fait intervenir la notion de barrière d'énergie q que chaque élément doit franchir pour se séparer de sa phase originelle.
La vitesse I d'apparition des germes est :

$$I = K.\exp\left(-\frac{\Delta G_g^* + q}{R.T}\right)$$

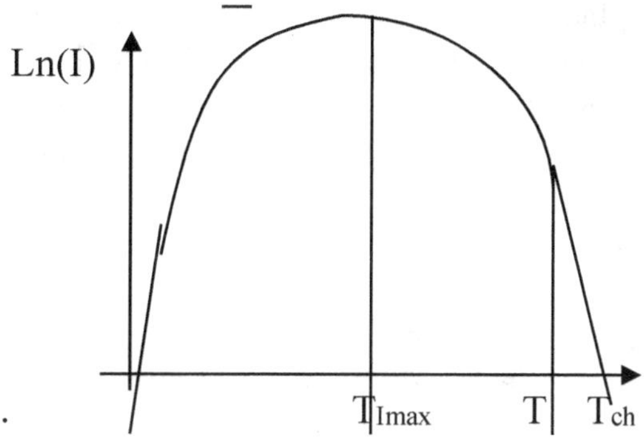

Figure 2, [3] .

… avec ΔG_g^* : enthalpie libre de formation du germe critique

q : barrière d'énergie que doit franchir un élément de la

phase α pour s'agglomérer au germe β,

L'allure du graphe, commune aux matières physiques, montre que lorsque la vitalité est très basse, l'agitation est si faible que les éléments ne peuvent franchir la barrière q qui correspond à l'énergie pour qu'ils se détachent de α et qu'ils rentrent dans le rang des éléments β.

Dans un cas plus réaliste, lorsque la vitalité T décroit et passe en dessous du seuil de changement de phase T_{ch}, la vitesse I est gouvernée par ΔG_g^*, et I augmente avec le retard $T_{ch} - T$.

V. CINETIQUE DE LA CROISSANCE DES GERMES

Les germes étant apparus, ils peuvent croître par coalescence ou par agglomération d'éléments isolés voisins.

La coalescence est le regroupement de deux ou plusieurs germes. La force motrice pour cette évolution est l'énergie de surface car la surface est plus faible pour un germe sphérique de volume V1+V2 que pour 2 germes de volumes V1 et V2. Ce phénomène est d'autant plus actif que les germes sont nombreux donc rapprochés et de petite taille.

Exemple 2 : coalescence.

Les regroupements de communes, les regroupements de services, sont des exemples de coalescence. Il ne s'agit pas uniquement de regrouper des superficies, mais il peut s'agir de regrouper des actes, des services administratifs, des moyens de prises en charge des enfants, des déplacements en voiture pour se rendre au travail, etc. Dans ce dernier cas, la transformation qui affecte les travailleurs et les moyens de transport, a fait naitre des germes individuels correspondant à l'adoption de la voiture individuelle au lieu de la marche à pied et du train. La transformation s'est poursuivie par les regroupements de plusieurs usagers, appelés covoiturages.

Dans le cas de la germination homogène dans les métaux, la croissance des germes par agglomération d'éléments isolés voisins se développe de manière isotrope sous forme de petites sphères ($4/3.\pi.r^3$) que l'on décrit par leur rayon ou leur nombre d'éléments, suivant le cas réel étudié.

On note f_e la fraction de la population β formée au début de la transformation, et I le nombre de sphères par unité de volume (ou le nombre de regroupements dans la population des deux phases) et par unité de temps. La fraction f_e varie lorsque le rayon moyen r augmente de dr pendant le temps dt tel que dr = A.dt:

$$df_e = I.4.\pi.A^3.t^2.dt \qquad \text{(a)}$$

Mais, plus la transformation avance, plus il y aurait de chevauchements, de recouvrements des sphères β. Un moyen d'éviter cet inconvénient dans les calculs est de considérer la fraction réelle ou fraction vraie f, telle que df doit être réduite par rapport à df_e d'autant plus que f est grand:

$$df = (1-f).df_e \qquad \text{(b)}$$

Si f = 0,2 → df = 0,8.df_e au début, si f = 0,8 → df = 0,2.df_e à la fin de la transformation. Il est donc préférable d'adopter f plutôt que f_e.

Avec (a) et (b),
$$\frac{df}{1-f} = I.4.\pi.A^3.t^2.dt \qquad \text{(c)}$$

Puis
$$\frac{1}{1-f} = \exp\left(I.4\pi/3.A^3.t^3\right)$$

Et enfin
$$f = 1-\exp\left(-I.4\pi/3.A^3.t^3\right) \qquad \text{(d)}$$

Le tracé de la fonction f(t) est une courbe en S, appelée loi d'Avrami en science des matériaux, et qui montre que la vitesse de

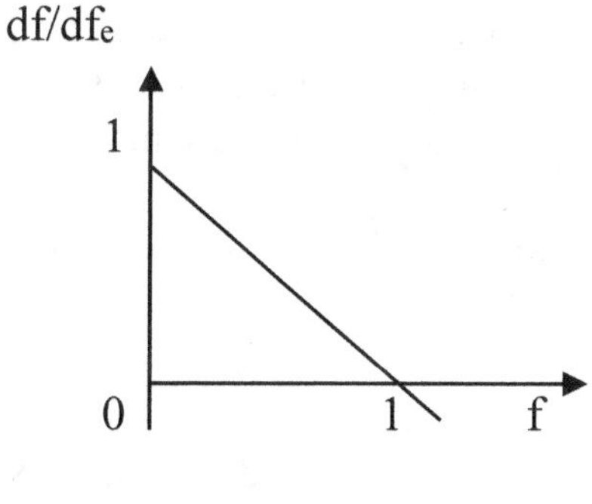

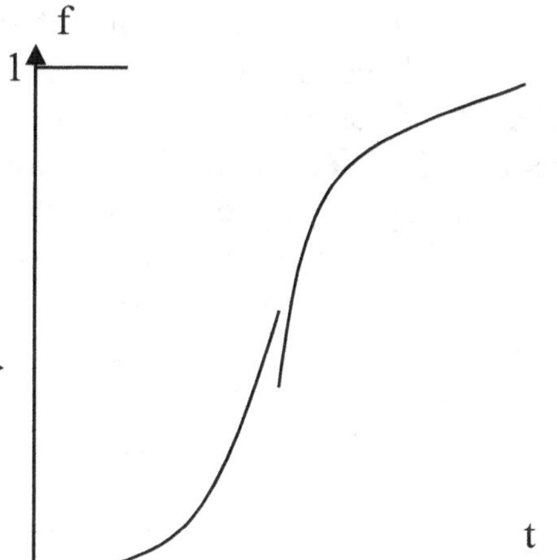

Figures 3, [3].

transformation croit faiblement au début, puis plus rapidement pour en fin de transformation, ralentir jusqu'à devenir nulle..

Une variante consiste à utiliser la relation (a) qui croît comme t^3 au début de la transformation, et à prolonger cette partie de la courbe au-delà de f = 0,5, par la seconde partie, symétrique par rapport à ce point médian, car la cinétique de la fin de transformation est similaire.

VI. ENERGIE DE SURFACE ENTRE SECONDE PHASE ET PHASE MAJORITAIRE

L'énergie de surface, notée γ ou ΔG_s, a déjà été introduite dans le bilan des enthalpies libres qui conditionne la naissance d'un germe stable.

L'énergie de surface à la frontière entre 2 milieux, est due une discontinuité des matières en vis-à-vis (on dit discontinuité chimique) et/ou à une discontinuité de structure des attachements dans ces milieux.

Si les 2 milieux sont de même matière, mais de phases différentes (cas liquide/solide d'un même corps pur), la discontinuité est structurelle : l'organisation des liens entre les éléments α est différente de celle des liens entre éléments β. On dit qu'il y a incohérence des attachements lorsque, à la jonction à la frontière, les liaisons entre les α et les β sont imparfaites, voire impossibles; les éléments de la frontière dans cette situation ont donc une énergie de Gibbs augmentée ($\Delta G_s > 0$) par l'apparition de cette discontinuité. Si l'incohérence est forte, on dit que la zone de jonction ou de cohabitation entre les α et les β est de forte énergie, elle est dite de basse énergie dans le cas contraire. Il faut bien noter que forte ou basse énergie ne se rapportent pas à la force des liens à la frontière, mais à la quantité d'énergie manquant à ces frontaliers par rapport à une situation des liens en équilibre.

Ces observations s'appliquent aussi aux milieux de matières différentes et de phases différentes.

On a l'habitude de parler d'énergie de surface en J/m^2 ou de tension linéique de surface en N/m, toutes deux notées γ car elles ont la même unité. La tension linéique de surface à la frontière entre deux milieux α et β se représente par un vecteur, comme une force, notée $\gamma_{\alpha\beta}$ dirigée parallèlement à la frontière entre les deux milieux pour correspondre à un manque de liaisons des éléments dans cette direction. Cette force par unité de longueur s'applique en fait à un filet de matière qui suit le contour de séparation.

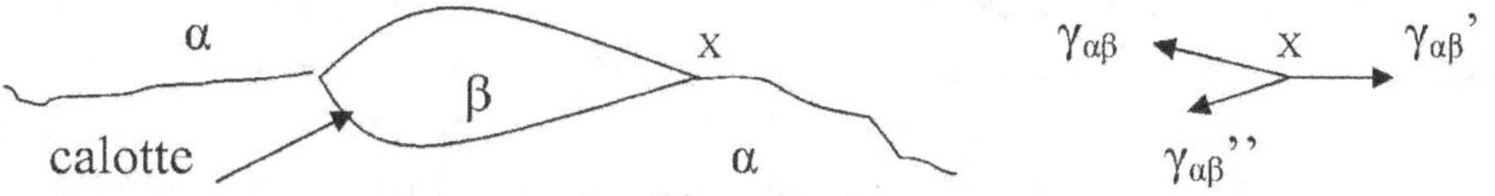

Figures 4

Les matières, qu'elles soient physiques ou généralisées, ont la possibilité de s'adapter pour minimiser leur énergie potentielle, c'est-à-dire ici, pour minimiser leur ΔG_s. Il en découle une grande variété de formes de germes naissants et croissants.

Si l'énergie de surface γ est isotrope (la même dans toutes les directions où elle est considérée), la forme des regroupements de seconde phase sera sphérique, car pour un volume donné (pour une population donnée) cette forme présente un minimum d'éléments en frontière (une surface minimale), ce qui minimise ΔG_s.

Si l'énergie de surface γ est non isotrope, elle dépend de la direction dans laquelle elle se manifeste. Cela est dû à des zones de forte énergie et à d'autres de faible énergie. La forme des regroupements va s'efforcer de réduire les incohérences des structures en vis-à-vis, et les regroupements se développeront le long des zones de faible énergie, tandis que leur étalement sera réduit le long des zones de forte énergie. Ceci est en accord avec les formes en disques, en aiguilles, en plaquettes, en petits tubes, des précipités de seconde phase rencontrés dans bon nombre de métaux. C'est aussi le cas dans les matières généralisées, par exemple entre deux groupes de culture différente, des jeunes des quartiers défavorisés et des cadres parisiens à la retraite ; les échanges se font alors autour du football plutôt qu'au sujet des gouts musicaux car les gens cherchent le meilleur point commun pour cohabiter.

Exemple 3. Divers aménagements de la cité.

Lorsqu'il s'est agi de modifier sur tout le territoire les équipements électriques pour passer du 110 au 220 volts, et par la même occasion de les mettre aux normes, on est effectivement passé d'une situation initiale peu ordonnée car beaucoup d'installations étaient « bricolées », non-conformes, à une situation bien plus ordonnée.

La matière fut ici l'ensemble des installations électriques (les A_i) et la direction de ERDF (les B_i). Le germe de la transformation a été la décision, avec financements, équipements,... de démarrer l'opération en un ou plusieurs lieux du territoire. L'évolution, en fonction du temps, du nombre d'installations modifiées a suivi une cinétique de type Avrami. En effet, il fallut mettre en route cette vaste entreprise à la fois matérielle et humaine, et les débuts furent très lents. Mais ensuite, l'organisation se mettant au point, de proche en proche, les modifications se répandirent de plus en plus vite. Puis, les zones un peu plus isolées ou difficiles d'accès furent couvertes mais avec de plus en plus de difficultés et de lenteur, jusqu'aux habitations individuelles les plus reculées. Avant que la transformation ne soit totale sur tout le territoire, l'énergie de surface entre zones aux normes et zones encore mal équipées était due à la difficulté voire à l'impossibilité d'avoir des activités électriques, des échanges industriels entre voisins de ces zones.

Un autre exemple du même type, concerne l'embellissement de la voirie qui initialement présente un spectacle désordonné avec trop de poteaux électriques et téléphoniques, avec des câbles qui traversent la chaussée, avec des trottoirs abîmés, un bitume mal rapiécé.
La matière est alors constituée de l'administration des Ponts et Chaussées et des divers aspects de la voirie, et la germination est la décision de la municipalité. La transformation, qui affecte les rues de proche en proche, suit une loi d'Avrami dans le temps. Elle aboutit à l'absence de poteaux car tous les câbles ont été enfouis, à des revêtements de sol impeccables. La satisfaction des rues transformées et l'envie de celles qui ne le sont pas encore provoquent l'équivalent d'une énergie de surface.

Exemple 4. Collecte des ordures ménagères.
La collecte des déchets domestiques était autrefois un peu anarchique, car la variété des poubelles ainsi que leurs contenus, qui constituaient la matière initiale, n'étaient pas réglementés, pas ordonnés. La transformation a consisté à imposer un format de poubelle adapté au ramassage et à imposer un contenu sélectif que nous connaissons tous aujourd'hui. La germination a débuté par des expériences dans des quartiers à la population motivée (germination hétérogène) puis elle s'est répandue grâce à de nombreuses germinations sur le territoire, chacune accroissant son domaine de transformation. Lorsque la

couverture de ce système de collecte fut totale, la situation finale entre collecteurs et déchets collectés, devint beaucoup plus ordonnée. L'énergie de surface entre quartiers nouvellement transformés et non encore transformés, résidait dans la satisfaction, chez les premiers, d'être davantage organisés et propres.

Exemple 5. Campagnes d'incitations.

Dans les campagnes de vaccination ou de dépistage de certains cancers, la transformation consiste à faire passer la totalité des individus d'une situation d'incertitude à une situation de connaissance de leur santé. Les individus et leur santé est la matière de ce cas d'étude, et la germination de cette transformation réside en amont, au niveau de la décision de cette vaste opération, puis elle se poursuit par une campagne d'information, et elle aboutit à une multitude de germes, correspondant au premier pas que fait chaque individu vers un centre médical. Ces précurseurs vont ensuite entraîner, par le bouche à oreille ou par les moyens modernes de communication, d'autres individus dans cette démarche.

L'énergie de surface entre individus déjà traités et les autres est faite de la satisfaction des premiers d'avoir profité du système de prévention, ce qui est bon pour l'individu et pour la société.

On imagine facilement d'autres exemples fondés sur des campagnes d'information comme la collecte de vêtements, la collecte de denrées non périssables destinées aux nécessiteux. L'énergie de surface entre ceux qui s'engagent dans ce rôle et les autres, est due à la satisfaction d'aider, de manifester de la solidarité.

Exemple 6. Décorations pour Noël.

Comme cela se pratique dans certaines régions, les municipalités des villes et villages organisent des décorations à l'occasion des fêtes de fin d'année. Ces décorations seraient bien rares et timides sans cette impulsion qui les fait germer. Les conseils du maire tendent à donner une certaine unité, un thème à ces initiatives. Des devantures sombres, ignorant les fêtes, ne seraient pas conformes à ce qu'attendent les habitants. Les rues quittent leur aspect un peu morne pour se parer de musiques, de lumières, et de vitrines décorées, et cela est très apprécié. Le phénomène se répand de rue en rue, de village en village, et ceux qui contribuent à cette transformation ont l'énergie faite de la joie de participer face à ceux qui sont indifférents, et c'est une énergie de surface car elle résulte d'une comparaison entre ces deux milieux.

La situation finale est plus ordonnée puisque le nombre de configurations est plus faible lorsque toutes les devantures sont décorées suivant les recommandations de la municipalité, car c'est quasiment devenu la règle.

Exemple 7. Tenues vestimentaires. Situations paradoxales.
Il y a, que ce soit dans telle administration, dans telle catégorie d'employés, à la plage ou sur le boulevard de la plage, des tenues vestimentaires bien typées, des tenues presque « uniformes ». Cette situation initiale peut évoluer plus ou moins sensiblement par secteurs. Une situation ordonnée est une situation qui présente un nombre de configurations peu élevé. Dans cette famille d'exemples, la situation initiale peut être plus désordonnée que la situation finale, ou le contraire ! Par exemple, les seins nus sur la plage mais pas sur le boulevard peut être la règle qui s'est installée à tel endroit à telle époque, et ailleurs on peut trouver des habitudes différentes. Par exemple, la tenue vestimentaire des cadres de la banque X peut évoluer l'été en abandonnant la cravate et le costume habituel, etc. Toutes ces transformations vont se répandre selon un processus de germination et croissance de type Avrami à condition qu'aucune action autoritaire n'intervienne, ce qui modifierait l'allure de la Fig.3. Il faut aussi ajouter, pour montrer la grande diversité des situations, qu'entre la plage aux seins nus généralisés et la plage sans aucun sein nu, le nombre de configurations est le même, et qu'il en est de même entre tous les cadres en costume-cravate et tous les cadres en tenue de jogging. Par contre l'évolution entre ces situations extrêmes a vu le nombre de configurations évoluer au cours des situations intermédiaires.
Par exemple, dans une étude des tenues à la plage, la situation initiale est celle où il y a 30% de seins nus, ce qui représente un nombre de configurations individuelles important. Au fil des années, la mode des seins nus se répand, et c'est devenu la tenue obligée, sous peine de passer pour une « attardée ». La situation finale sera celle avec seins nus généralisés, ce qui correspond bien à une uniformité c'est-à-dire à une situation très ordonnée entre les femmes et leur tenue vestimentaire.
L'étude des transformations abordées ici est basée, entre autres, sur l'abaissement de G lors d'un abaissement de la vitalité entre éléments. Dans les années 80, la satisfaction des femmes aux seins nus s'est accrue (G s'est abaissée) et la température c'est-à-dire les tiraillements

et hésitations pour adopter ou non cette tenue se sont apaisés. Mais 30 ans plus tard, sous l'effet d'actions incitatrices, des fluctuations de positions entre les femmes et leur tenue à la plage réapparaissent, c'est-à-dire que la température s'élève, et c'est un autre cas d'étude...

Bibliographie

[1] G. Allan, Théorie des attachements, Sociologie et thermodynamique, Editions universitaires européennes.
[2] M.F. Ashby et D.R. Jones, Matériaux, Tomes 1 et 2, Dunod.
[3] W. Kurtz et all. Traité des matériaux, Tome 1, Presses polytechniques romandes.
[4] D. François et all. Comportement mécanique des matériaux, volume 1, Hermès.

4. Evolutions de la microstructure et conséquences macro

Les notions de matière généralisée, d'attachements, d'actions autoritaires, d'évolutions ou de déformations, etc, sont définies dans la Théorie des Attachements [0]. Comme toujours, il est profitable de partir des observations de la matière physique, de sa microstructure et de ses évolutions, et de ses liens avec la macrostructure. Puis, en s'inspirant de ces comportements micro-macro, le but est d'essayer de relier certains comportements individuels aux comportements collectifs qui en résultent, dans les matières généralisées. Il est bien connu que cette entreprise est difficile dans les matières physiques, mais les parallèles, fondés sur la Théorie des Attachements, entre ces deux types de matières sont bien présents, et sont dignes d'intérêt.

I. DANS LES MATIERES PHYSIQUES

Dans les matériaux physiques [1], par exemple dans les métaux, la liaison métallique est une liaison forte, non orientée, où les atomes d'une même espèce, que l'on représente par des sphères dures de même diamètre, occupent l'arrangement le plus compact possible. La structure de l'édifice atomique est donc ordonnée, avec de nombreuses périodicités des emplacements. Mais cet ordre n'est pas parfait, il existe des défauts ponctuels (lacunes, atomes étrangers en insertion ou en substitution), linéiques (dislocations), surfaciques (fautes d'empilement), volumiques (précipités). Le rôle de ces défauts est très important dans l'apparition de la plasticité c'est-à-dire de la déformation (ou de l'évolution) irréversible.

I.1. Empilement des atomes.

On peut voir une organisation par plans ou couches d'atomes, parallèles, empilées les unes sur les autres. La fig. 1.a représente une première couche, notée A, à compacité maximale. Dans une deuxième couche B au dessus, fig. 1.b, les atomes se placent dans les creux entre 3 atomes de A, et on constate que 50% de ces creux peuvent être occupés. Pour placer la 3ème couche, il existe donc 2 possibilités comme le montre la fig. 1.c : l'une fait apparaître la structure hexagonale compacte (hc) avec un empilement ABAB..., l'autre fait apparaître une structure cubique à faces centrées (cfc) avec un empilement ABCABC...

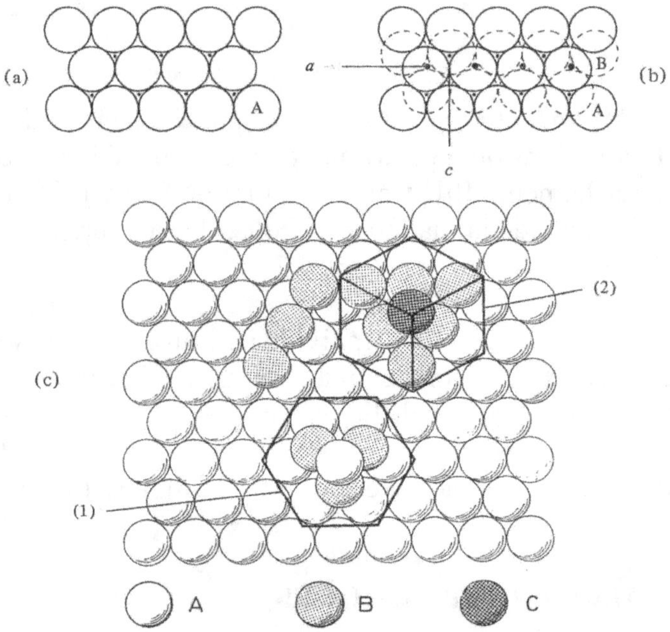

Figures 1. Empilements d'atomes. [1]
Structure hexagonale compacte (hc), fig. c1 et structure cubique à faces centrées (cfc), fig.c2.

Un défaut d'empilement est une anomalie dans la superposition des plans, comme, par exemple dans les cfc, ABCABCABABC... au lieu de ABCABCABC...

Un défaut d'empilement ne se déplace que dans son plan, son étendue peut varier lors de sa progression. Il est bordé par des dislocations souvent parallèles qui encadrent un ruban d'empilement incorrect, et qui se déplacent dans ce plan.

I. 2. Dislocations

Une dislocation est un défaut linéaire schématisé à la fig. 2 à droite : 2 plans verticaux supplémentaires semblent avoir été enfoncés comme un coin ; les liaisons au dessus de la ligne horizontale sont en compression, celles du dessous sont en tension. Sous l'effet d'une contrainte de cisaillement parallèle à ce plan, ce défaut peut se translater vers la droite ou vers la gauche avec toujours la même schématisation. Il rend possible la propagation de déformations plastiques.

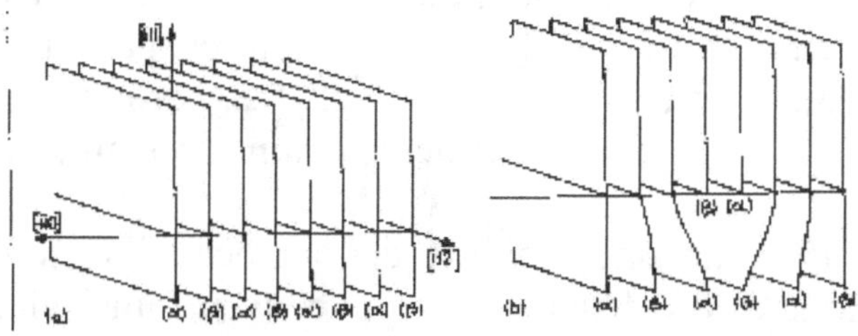

Figures 2. Schématisation d'une dislocation coin.

Dans les métaux, la densité de dislocations augmente beaucoup lors de la déformation plastique : la longueur cumulée des lignes de dislocations atteint 10^6 cm/cm^3 classiquement, et même jusqu'à 10^{12} cm/cm^3.

I.3. Energie de faute d'empilement (EFE).

A chaque atome en position incorrecte, il correspond, pour l'ensemble de son voisinage, une énergie supérieure à l'énergie d'une structure sans défaut. Cet accroissement d'énergie, sommé sur tous les atomes du défaut d'empilement représente l'énergie de la faute d'empilement. Considérons le cas simple d'un ruban plan de faute d'empilement, bordé par 2 dislocations parallèles, distantes de d, de vecteurs de Burgers b_1 et b_2 parallèles.

A partir d'une formule de la force d'interaction entre les 2 dislocations [2], on peut en déduire l'énergie de surface (en mN/m^2) $\gamma = \dfrac{\mu . b_1 . b_2}{2.\pi . d} \cdot f_{(\varphi 1,\varphi 2)}$ où μ est le module de cisaillement, et $f_{(\varphi 1,\varphi 2)}$ est une fonction des angles entre les lignes de dislocations et les vecteurs b_1 et b_2.

Quelques valeurs de γ : Ag 20, Cu 45, Al 135, Ni 125 en mJ/m^2.

L'énergie qui est emmagasinée dans un défaut d'empilement est égale à la somme des énergies associées à chaque couple de plans en position relative incorrecte.

II. EVOLUTIONS FORCEES PAR TRAITEMENTS THERMIQUES

II.1. Traitement de restauration

Le but de ce traitement est la diminution de la densité de dislocation par annihilations de dislocations de signes contraires, par empilements de dislocations pour former des parois de cellules, par réarrangements des dislocations en sous-grains (considérés comme des diminutions de leur densité).

La restauration nécessite une mobilité des dislocations ; les lacunes permettent la montée des dislocations qui peuvent ainsi changer de plan de glissement pour contourner les obstacles à leur mobilité.

Elle se pratique par un recuit et commence dès la montée en température, sur un état initial écroui (contenant des dislocations) avec des cellules de dislocations ou sans, l'écrouissage ayant été produit à froid ou à chaud. Elle se termine lorsque les sous-joints des sous-grains sont bien formés (lorsqu'ils ont drainé toutes les dislocations de l'intérieur du sous-grain), et elle peut se poursuivre par une légère augmentation de leur taille.

Le degré de restauration est d'autant plus important que l'énergie stockée dans le milieu par interactions entre dislocations est élevé, c'est à dire que l'EFE est élevée. La restauration est dite dynamique (Fig. 3 a, b, c, d) lorsqu'elle se produit pendant la déformation plastique à froid ou à chaud.

La restauration dynamique est un équilibre entre écrouissage (augmentation des dislocations due à la déformation plastique) et restauration (diminution…) tel que la densité de dislocations soit grossièrement constante.

La restauration est dite statique ou métadynamique lorsqu'elle se produit en l'absence de déformation plastique ou avant ou après celle-ci, à froid ou à chaud.

II.2. Traitement de recristallisation.

C'est, dans le cas général, (Fig. 4, a, b, c, d) une transformation due à la germination et la croissance de nouveaux grains dans un métal

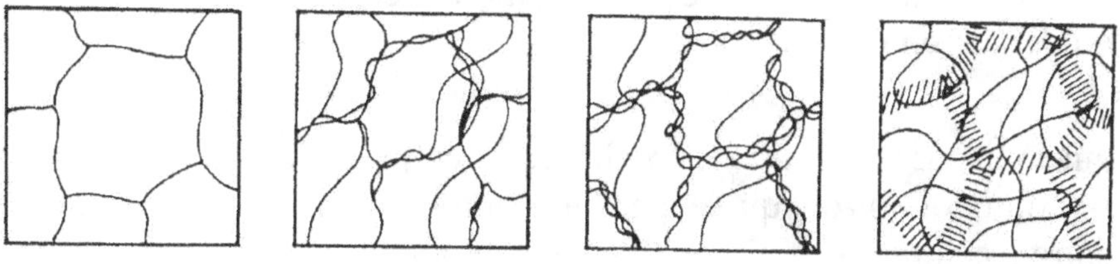

a b c d

Figure 42: Représentation schématique du processus de restauration dynamique.
a) Etat initial présentant une faible densité de dislocations. b) Augmentation progressive de la densité de dislocations. c) Apparition d'une structure cellulaire. d) Etat stationnaire constitué de sous-grains délimités par des sous-joints.

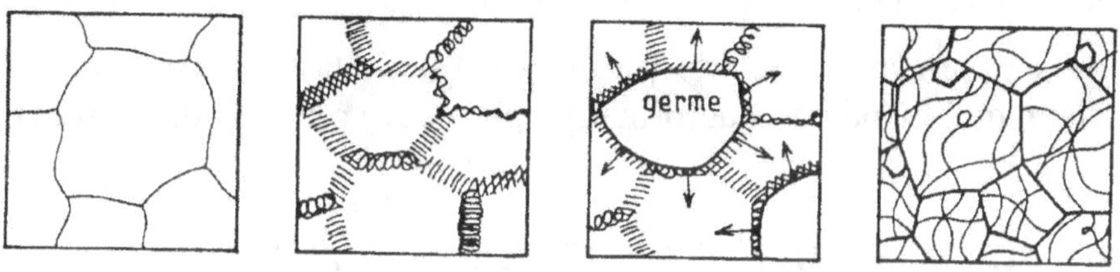

a b c d

Figure 43: Représentation schématique du processus de recristallisation dynamique.
a) Etat initial présentant une faible densité de dislocations. b) Formation plus ou moins nette de sous-grains par restauration dynamique. c) Apparition de germes de recristallisation dynamique. d) Etat stationnaire constitué de grains plus ou moins écrouis et de germes de recristallisation.

Figures 3 : restauration et, en dessous, fig. 4 : recristallisation [4].

écroui et plus ou moins restauré, en « consommant » les grains voisins écrouis.

Les germes se situent au centre des grains qui présentent une plus forte désorientation par rapport à leurs voisins.

La recristallisation se produit à une température T supérieure à la restauration, telle que $T/T_{fusion} > 0{,}5$, après un temps d'incubation *t*, pour une déformation supérieure à $\varepsilon_{critique}$, suivant une cinétique de type Avrami, décrite par la fraction recristallisée X_R en fonction du temps :

$$X_R = 1 - \exp(-K.t^n)$$

$$\text{où} \quad t = \varepsilon_{total} / \dot{\varepsilon} \quad \text{ou} \quad (\varepsilon_{total} - \varepsilon_c) / \dot{\varepsilon}$$

On assimile parfois cette fraction recristallisée à un degré d'adoucissement

$$X_S = (\sigma_{pic} - \sigma)/(\sigma_{pic} - \sigma_{stat})$$

qui se lit sur une courbe expérimentale σ(t) à 1 pic.

• Pourquoi dit-on que, dans une déformation plastique, l'arbitrage entre restauration et recristallisation se fait par l'EFE ?

Si l'EFE est forte, la restauration est très poussée dans tous les grains, et la recristallisation pourra éventuellement se faire après la déformation plastique surtout si $\bar{\varepsilon}$ (indicateur de l'ampleur de cette déformation) est élevé (c'est-à-dire si beaucoup de nouvelles dislocations ont été produites)

Si l'EFE est faible, la restauration sera peu prononcée et permettra à la recristallisation statique (après la déformation plastique) de se réaliser plus amplement ; et si de plus $\bar{\varepsilon}$ est élevé, la recristallisation sera dynamique (pendant la déformation plastique) puis statique (après).

III. MECANISMES STRUCTURAUX DYNAMIQUES DANS LES METAUX

Dans un réseau réel d'éléments vaguement ordonné, il existe des défauts : lacunes, dislocations (fig. 2), défauts plans d'empilement ou fautes d'empilement.

Les dislocations se déplacent dans le réseau, et lorsqu'elles rencontrent un obstacle à cette progression, elles tendent à se dissocient, c'est-à-dire qu'elles se décomposent en plusieurs dislocations dites partielles, ce qui multiplie leur nombre. Mais si l'obstacle est trop rigide, elles ne se dissocient pas.

La légende des fig. 3 et 4 explique les termes polygonisation, sous-grains, sous-joints, etc.

D'après [3], les implications entre différentes caractéristiques ne sont pas simples, et elles peuvent se décrire ainsi :

1°/ EFE (énergie de faute d'empilement, en J/m^2) forte

- → les dislocations n'ont pas tendance à se dissocier
- → processus de polygonisation c'est-à-dire formation de parois constituées de dislocations empilées, équidistantes et parallèles, avec une désorientation faible, de 1 à 2° des sous-grains séparés par ces parois.

2°/ Dissociation des dislocations faible, donc pas de production d'enchevêtrements

→ mobilité des (autres) dislocations élevée

1°/ et 2°/

→ la restauration dans les métaux à EFE forte est très poussée car les dislocations sont mobiles.

Le degré de restauration est d'autant plus important que l'EFE est forte.

→ la restauration dans les métaux à EFE faible est gênée par la dissociation des dislocation qui réduit leur mobilité.

3°/ La mobilité des dislocations augmente avec la température T (°K) et avec la vitesse de déformation $\dot{\varepsilon}$, et, à chaud, elle augmente avec la concentration de défauts.

L'incidence de ces paramètres sur la caractéristique macro comme σ_S (contrainte d'écoulement seuil) se décrit par :

$$\sigma_S = \sigma_1 + k.d^{-p} \qquad (1<p<1,5)$$

où d est le diamètre des sous-grains, relié à d'autres grandeurs, comme : $1/d = a + b.\log(\dot{\varepsilon}.\exp(\Delta H/R.T))$ où ΔH est l'enthalpie de formation des sous-grains.

La restauration et la recristallisation sont dites dynamiques lorsqu'elles se produisent pendant la déformation plastique à froid ou à chaud.

En résumé :

EFE élevée → dislocations peu dissocies → mobilité ↑ → restauration↑ et … …et si ε faible → restauration dynamique et statique …et si ε élevé → restauration dynamique et recristallisation statique EFE faible → dislocations très dissocies → mobilité ↓ → restauration ↓ et … …et si ε faible → restauration dynamique et statique …et si ε élevé → recristallisation dynamique et recristallisation Statique.

IV. COMMENT ELARGIR CES NOTIONS ?

Les analyses permettant de tenter de relier les aspects micro et macro dans les matières métalliques ont une validité très générale, elles sont une précieuse source d'inspirations à condition d'élargir raisonnablement leur champ d'application.
On considère que la matière généralisée est constituée de deux ou plusieurs sortes d'éléments attachés et disposés entre eux de manière vaguement régulière avec des périodicités. Les défauts dans cette architecture jouent un rôle très important.
On étudie les phénomènes mis en jeu dans une évolution irréversible (déformation plastique) imposée de manière autoritaire par l'extérieur à cette matière. Il se produit des ruptures et des reconstructions des attachements. Ceci ne correspond pas à des plans entiers qui glisseraient les uns sur les autres car alors cela nécessiterait des actions considérables, mais à des glissements limités aux voisinages des lignes de dislocation, ce qui nécessite une action plus faible (analogie avec le déplacement d'un tapis sur le sol non pas en le tirant mais par avancement d'un bourrelet).

Dans les matières généralisées, une dislocation n'est pas un défaut attaché à certains éléments bien particuliers, c'est un défaut de la microstructure qui chemine de proche en proche parmi les attachements sous l'effet d'actions autoritaires venant de l'extérieur à la zone où se trouve ce défaut. Chaque dislocation est une sorte de vague d'évolution qui traverse le milieu.
Sur la fig. 2, à droite, on voit que les 2 rangées en surabondance dans la partie supérieure vont se translater et donc que la zone défectueuse va affecter d'autres éléments. Ceux-ci doivent être interchangeables pour que les ruptures et reconstructions locales, au pied de la dislocation, puissent se faire.
La dislocation se traduit par une absence de liaisons complètes entre voisins, mais cette absence est souvent passagère et va affecter d'autres voisins puisque la dislocation peut se translater. Elle ne peut cependant pas traverser un joint ou un sous joint de grain, ni un défaut d'empilement à forte EFE, ni un agrégat d'éléments étrangers. Lorsque sa translation débouche sur une surface libre, il se crée un décrochement qui fait saillie en surface, sorte de micro aspérité qui témoigne d'une micro déformation plastique. Il faut qu'un grand

nombre de dislocations intervienne pour que se produise une déformation plastique macroscopique.
Les lignes de dislocation sont plutôt droites ou à grand rayon de courbure dans les métaux, car c'est la conséquence de la structure très ordonnée, mais il peut en être autrement dans les matières généralisées.

Exemple 1.
Une commune a décidé de procéder à des travaux d'enfouissement des lignes électriques et téléphoniques, rue par rue. Les attachements entre les éléments que sont les habitants et leurs commodités de déplacement sont momentanément interrompus pendant la durée des travaux dans la rue en chantier. Ils y seront rétablis pour affecter ensuite une rue voisine. Le cas d'un obstacle à ce cheminement des chantiers de rue en rue pourrait correspondre à un manque de financement, ou à l'opposition de certains habitants.
Le contournement de tels obstacles pourrait être réalisé par un autre montage financier, ou par des discussions avec les opposants (analogue à une activation thermique) ou par un aménagement spécial des travaux qui préserve leurs intérêts (déviation de la dislocation). Il faut pour cela qu'il existe des solutions permettant ces contournements grâce à d'autres dislocations, favorisées par la présence de lacunes, c'est-à-dire par l'absence d'attachements dans le voisinage de l'obstacle, c'est-à-dire par l'indifférence des opposants à cette nouvelle solution.

Un défaut de faute d'empilement concerne un plus grand nombre d'éléments situés sur une surface, plane ou non. Ils sont liés entre eux correctement (sans dislocations), mais leurs attachements avec leurs voisins en bordure de cette surface sont incorrects : c'est un défaut d'empilement. Cette surface est limitée, elle est bordée par des dislocations attachées à ces limites, car entre les attachements corrects et ceux qui sont incorrects, le réseau est, à la jonction, disloqué. Le caractère surfacique de ce défaut lui confère un rôle d'obstacle à la propagation des dislocations de déformations plastique beaucoup plus important que les dislocations linéiques.

Exemple 2.
Dans un salon de la gastronomie des régions de France, les éléments considérés sont les exposants des régions, et leurs produits auxquels

ils sont attachés. Les contraintes du marché de l'alimentation imposent des règles relatives à la conservation, permettant de faire évoluer la profession (analogues avec la propagation de la déformation irréversible). Tous les acceptent (les dislocations progressent normalement) sauf les Basques (ou d'autres) qui dénoncent ces règles. Ils constituent un groupe très soudé et très déterminé, et la position « incorrecte » de leurs attachements avec leurs produits les différencie de leurs collègues d'autres régions. Chacun d'eux est habité par une énergie qui le maintien dans cette position incorrecte, et la somme de ces énergies est l'analogue de l'EFE. Si elle est élevée, toute tentative d'évolution (toute progression de dislocation) dans ce milieu de la gastronomie pourra être bloquée aux frontières de ce groupe. Il est nécessairement bordé par des dislocations dues à des attachements inconfortables avec leurs voisins d'autres régions.
L'activation thermique, qui multiplie les fluctuations de position des Basques fortement attachés à leurs produits, pourrait peut être permettre le cheminement de certaines dislocations, dissociées ou non.
On peut généraliser cet exemple à tout groupement d'individus qui, pour des raisons liées à la religion, à leur histoire, à leurs croyances, montre une opposition à toute évolution qui concerne la collectivité.

Une interaction entre dislocations c'est-à-dire entre vagues de changement est un accroissement de la difficulté à évoluer, par saturation des évolutions imposées.
La dissociation des dislocations est la décomposition de différentes vagues d'évolutions en plusieurs vagues mieux adaptées pour tenter de franchir les oppositions. Elle n'y parviendra que si l'EFE est élevée.

Exemple 3.
Les analyses médicales pratiquées dans les hôpitaux et les laboratoires de France sont normalisés, afin de rendre plus facile les échanges et le suivi des patients entre différents services ou différents hôpitaux. Les médecins sont très attachés au respect des normes. Les progrès de la médecine amènent des évolutions nécessaires à cette normalisation, en introduisant de nouveaux modes opératoires.
Ces évolutions irréversibles sont portées par le cheminement de dislocations dans ce milieu des analyses, ce qui se réalise par l'abandon d'anciens attachements entre personnel et techniques d'analyses, avant d'en adopter de nouveaux.

Imaginons un groupe de laboratoires refusant certains nouveaux processus et techniques d'analyse de sang. Les personnes constituant ce groupe sont très liées entre elles, elles ont été convaincues à tors ou à raison, que ces nouveautés donnent des résultats erronés pour certaines catégories de patients. Leur refus rend impossible l'exploitation de leurs analyses partout dans le pays. L'évolution qui leur a été demandée ne peut pénétrer ce groupe d'opposants. Dans les relations très ordonnées, très réglementées entre médecins de laboratoires et techniques d'analyses, il est quasiment impossible de faire admettre des variantes d'analyses, c'est-à-dire que la dissociation des vagues d'évolutions est impensable. Le contournement de l'obstacle que constituent ces opposants ne peut se faire qu'en faisant appel à d'autres laboratoires respectueux des nouvelles procédures (analogie avec le contournement de précipités). Un autre espoir réside dans la persuasion, les discussions avec ces opposants (analogie avec l'activation thermique).

Exemple 4.
Considérons une matière généralisée constituée d'individus attachés à leurs assurances voiture, habitation, responsabilité civile, à leur carte bancaire, à leurs complémentaires santé et retraite, à leurs services de téléphonie, etc.
Une action autoritaire extérieure provoque une déformation plastique irréversible, c'est-à-dire des ruptures, et des reconstructions différentes des attachements. Il s'agit de la modification du contrat d'assurance voiture : les risques couverts sont maintenant choisis par le client et ce choix détermine le montant de la cotisation.
Les attachements de chaque automobiliste à 1 ou 2 anciens contrats Ca1 ou Ca2 de l'assurance voiture, doivent se rompre et se remplacer par des attachements aux nouveaux critères. Ces critères Cn1 à Cn10 sont des éléments présents dans la matière généralisée, mais qui n'étaient liés à aucun individu avant l'action extérieure. Ce changement nécessite du temps, il ne peut être instantané pour l'ensemble des clients, c'est un changement qui se répand de manière progressive, de proche en proche, de bouche à oreille, suite à des discussions. Cette vague de changement des attachements avance dans la population des automobilistes comme une ligne de dislocations. Il est possible que, ici et là, des blocages empêchent le client de prendre sa décision (cas d'époux en désaccord, cas du remplacement du très vieux véhicule, etc.). Ces obstacles doivent être contournés en

trouvant une raison, un argument pour cela, une particularité dans l'environnement de l'individu qui est bloqué dans sa décision (ce qui correspond à une lacune). Le contournement de l'obstacle au choix correspond à un glissement dévié, à une montée de la dislocation qu'est ici la vague d'évolution des nouveaux attachements.
Une faute d'empilement correspond à un ensemble de circonstances qui rendent difficile la moindre adaptation locale qui permettrait à la vague des choix de progresser.
Les vagues de changements de toutes sortes ne peuvent progresser dans ces fautes d'empilement, elles sont arrêtées. Par exemple, pour des raisons venant de l'histoire locale (préjugés, croyances, superstitions, escroquerie de l'assureur), une population refuse des adaptations des attachements que d'autres, dans le voisinage, ont accepté.

L'agitation thermique du milieu, équivalent d'un traitement de revenu, permet des fluctuations de position des éléments, et rend plus adaptables les attachements, ce qui permet de contourner les blocages aux évolutions.

Si ces blocages sont très ancrés (EFE élevée) les vagues de changements s'y sont accumulées, elles sont nombreuses à ne pouvoir les franchir, même avec l'aide de l'activation thermique. Par contre, dans les régions du milieu où les dislocations ne sont pas trop denses ni trop bloquées, ce traitement de revenu va permettre de réduire leur densité par réarrangements et compensations mutuels. Dans l'exemple 4, ceci correspond à des échanges d'arguments, à une meilleure explication des critères Cn_i et de leur choix.
Un apport d'activation supplémentaire va permettre aux situations très bloquées, ayant subi des déformations de leurs liens au-delà d'un seuil critique (correspondant à ε_c), de réorganiser plus profondément la structure des attachements en utilisant l'énergie bloquée dans ces résistances ; cette évolution correspond à une recristallisation.

Si ces blocages sont peu ancrés (EFE faible), les vagues de changements vont quand même s'y accumuler, mais l'énergie bloquée dans leurs interactions est alors plus faible. Une interaction entre vagues de changement se traduit par un accroissement de la difficulté à évoluer par saturation des évolutions imposées. L'activation thermique peut suffire pour défaire leurs empilements, et elles vont alors se répartir dans tout le milieu, sans disparaître totalement. Ceci va rendre moins mobiles les progressions d'autres vagues de changements, par un effet de saturation.

V. CONCLUSION

Les notions de compartiments que sont les grains, les notions de dislocations, de glissements, de montées, de regroupements de ces dislocations en enchevêtrements, de la formation de parois de sous-grains, ont quelques difficultés à s'adapter aux matières généralisées. Celles-ci présentent des attachements entre éléments qui sont beaucoup moins denses et beaucoup moins réguliers que les liaisons dans la matière physique.

La description rigoureuse de ces mécanismes dans ces matières physiques étant à peine au point, on comprendra que dans les matières généralisées elle le soit encore moins.

Il a néanmoins été possible de discerner qualitativement des parallèles dans l'articulation micro-macro entre les deux types de matières, ce qui, une fois encore, fait apparaître une certaine unité de leurs comportements.

Bibliographie

[0] G. Allan, Théorie des attachements, Sociologie et thermodynamique, Editions universitaires européennes.

[1] W. Kurz et all., Traité des matériaux, Introduction..., Tome 1, Presses polytechniques romandes.

[2] Y. Adda et all., Eléments de métallurgie physique, Tome 3, INSTN CEA.

[3] A-M. Chaze, Restauration, recristallisation, croissance des grains, ENSMP-CEMEF, Colloque nov. 1993.

[4] J.M. Haudin, F. Montheillet, Notions fondamentales sur les métaux, Editeur SNPMD.

5. Equilibre et évolutions virtuelles

Dans ce chapitre, il ne s'agit pas d'envisager la faisabilité d'un attachement entre des éléments Ai et Bi, il s'agit, dans un premier temps, d'essayer de définir la notion d'équilibre des ensembles de tels éléments déjà attachés, à partir de la notion d'évolutions de ces ensembles. Puis, dans un second temps, il s'agit d'essayer de tirer parti de petites perturbations judicieusement choisies de l'équilibre, appelées évolutions virtuelles, afin de pouvoir déterminer certaines actions extérieures, comme lorsqu'on soulève légèrement une table pour estimer son poids, ou certaine forces de cohésions, comme lorsqu'on s'impose de petites privations pour estimer la force de notre attachement. Mais dans cette méthode, des conditions très restrictives pèsent sur le choix des évolutions virtuelles, ce qui limite parfois son utilisation.

I. EQUILIBRE D'UNE MATIERE GENERALISEE

Comment définir l'équilibre d'un domaine D constitué d'éléments Ai et Bi, attachés partiellement ou totalement ? Si on admet que l'équilibre est l'absence d'évolutions, il semble qu'il faille relier cette notion à celle d'actions extérieures incitatrices ou autoritaires (Fi) sur D qui sont les causes d'une évolution. L'équilibre ne concerne pas un ensemble d'Ai seuls, mais un ensemble d'attachements Ai -Bi. En effet, considérer des actions Fi s'exerçant sur des éléments isolés n'a pas de sens car un tel ensemble n'a pas de consistance, il n'a pas la

moindre cohésion, et de plus quelques actions ne pourraient s'exercer que sur quelques éléments alors qu'ils sont en grand nombre.
Si on admet que l'équilibre d'un domaine D est en relation avec son évolution et qu'il y a équilibre si D n'évolue plus, il faut maintenant préciser par rapport à quelles références sont définis l'équilibre et l'évolution.

Il est utile de rappeler ce qu'est une évolution. Une évolution d'un ensemble d'éléments est une variation de leurs positions dans leur espace (voir Annexe). Cet espace est l'ensemble de toutes les configurations réelles et imaginables que peuvent prendre les éléments. La position relative entre éléments se définit par une quantification des critères qui définissent, qui caractérisent ces éléments. On conçoit que les variations de positions puissent être relatives, ce sont alors les déformations, ou absolues, mais alors se pose le difficile problème de définition d'un observateur absolu.
L'extérieur de D, noté $\overline{D}$, est le lieu des causes, des origines des actions extérieures sur D, et c'est aussi le domaine où on peut trouver des observateurs non concernés par l'évolution de D, que l'on peut qualifier d'absolus, mais ceux-ci sont inadaptés pour permettre un repérage des éléments à l'intérieur de D. Pour cela, il faut se contenter du repérage de l'ensemble des positions relatives entre éléments après l'application des actions, par rapport à l'ensemble de ces positions avant leur application. Les variations de ces positions relatives de l'ensemble des Ai-Bj entre ces deux instants sont définies par les variations des valeurs de certains critères caractéristiques des éléments. Par exemple, dans l'attachement entre Monsieur x et sa voiture v, le nombre de lavages par mois est une telle caractéristique, et s'il passe de 3 à 1, c'est une variation de position de x par rapport à v.
Lorsque plusieurs actions Fi agissent simultanément sur D, les attachements sont sollicités, et l'équilibre ou non peut être défini de la même manière ; un ensemble peut être en équilibre dans le cas où les attachements sont sous contraintes, pourvu que les positions relatives n'évoluent pas. Des ruptures ou des reconstructions de liens sont les signes d'un non équilibre local ou global.
Sous l'effet d'une action extérieure Fx s'exerçant sur une petite zone X de la frontière de D, il se produit en général une évolution ex, mais si la résistance à l'évolution est grande, il est parfois possible d'avoir ex = 0 et cette zone est dite zone rigide.

Lors d'une évolution dite « en bloc », sorte de mouvement d'un ensemble d'éléments rigidifié, où les déformations sont absentes, les positions relatives entre les deux instants précédant et suivant l'action sur D ne varient pas, et pourtant il y a évolution globale. Pour caractériser une évolution en bloc, il faut comparer les positions de celui-ci par rapport à d'autres éléments non affectés par une telle évolution.

II. COMBINAISONS D'ACTIONS AUTORITAIRES ET D'EVOLUTIONS

On considère toujours le même domaine D d'une matière généralisée. La frontière qui marque la séparation entre D et son extérieur $\overline{D}$ doit être bien définie car c'est là que se manifestent les actions extérieures de type autoritaire.

II.1. Action unique.

Une action autoritaire Fi tend, si elle est unique, à faire évoluer l'ensemble D dans la direction ei de cette action.

- Par exemple, un décret Fp instituant une nouvelle taxe sur les parapluies vise les attachements {individus + parapluies}. Elle fait évoluer ce domaine dans la direction ep, c'est-à-dire que les individus vont se détacher des parapluies, et ils vont adopter d'autres solutions pour se protéger de la pluie. « Se détacher des parapluies » est la direction ep de l'évolution, qui se produit par un abandon des positions relatives individus / parapluies.
- Dans un autre exemple, soucieuse du confort des touristes, la ville de… décide de filtrer considérablement les entrées de son centre historique en limitant le nombre de visiteurs à l'intérieur de cette enceinte. Cette action autoritaire F_p sur l'ensemble {visiteurs + sites historiques} va dans la direction d'une réduction des visiteurs, et l'évolution e_p qu'elle induit va dans ce sens. Dans cet exemple, Fp provoque, de manière détournée, une seconde évolution e'_p qui est la baisse des recettes des musées, des boutiques, et des restaurants.

II.2. Plusieurs actions.

Un domaine n'est quasiment jamais soumis à une seule action autoritaire, mais à plusieurs actions F1, F2,…Fn qui tendent, chacune prise séparément, à faire évoluer l'ensemble du domaine dans les directions respectives e1, e2,…en. Il faut alors préciser si plusieurs évolutions peuvent ou non se combiner. Rappelons qu'une seule action Fi provoque l'évolution de tous les groupes d'éléments liés du domaine D, et que cette évolution est uniforme, sa direction est la même pour tous les couples d'éléments, c'est ei. L'ampleur de cette évolution peut dépendre de l'intensité de Fi. Si un couple d'éléments de D reçoit une action F1 qui le fait évoluer dans la direction e1, et s'il reçoit une autre action F2 qui le fait évoluer dans la direction e2, ces évolutions ne se combinent pas en général, elles ne s'ajoutent pas lorsqu'elles sont de natures différentes. En général, les évolutions e1 et e2 ne peuvent être dues qu'à, respectivement F1 et F2. L'action F2 ne peut pas faire varier e1 par une sorte de manière déviée, la définition des actions doit éviter toute confusion de ce genre.

• Par exemple, si une action F1 sur un ensemble {clients + aspirateurs} accorde une remise de 10% sur les aspirateurs de la marque X, et si une autre action F2 fait cadeau des frais de transport sur tous les aspirateurs, l'évolution « réduire le coût » est due aux deux actions qui sont, dans ce cas particulier, de même nature, en euros. Si, pour clarifier l'incidence propre à chacune de ces deux actions, on désire que les actions extérieures autoritaires soient disjointes, non liées, et de même pour les évolutions, F2 doit être supprimée ou redéfinie pour éviter des confusions. Dans cet exemple, un client pourra réduire le coût en profitant des deux actions réduction de 10% et transport gratuit. Si une troisième action F3 propose un crédit intéressant, elle provoque une évolution e3 « facilité de paiement » de nature différente de « réduire le coût » et il n'est pas possible de la combiner avec les précédentes. Noter que toutes ces actions sont intermédiaires entre actions incitatrices et autoritaires, et nous les considérons autoritaires.

En définitive, dans l'ensemble des configurations envisageables, on peut penser que parfois des évolutions peuvent être incompatibles, que certaines peuvent s'ajouter ou se contrarier, voire s'annuler.

II.3. Evolutions internes à D et évolutions de l'ensemble D rigidifié.

En plus du fait que parfois des évolutions peuvent se combiner, les variations de positions deviennent complexes pour une autre raison. Elles résultent de la superposition de deux types de variations : ce sont d'une part des variations relatives entre éléments attachés (client n°i et aspirateur Xi), appelées déformations locales internes à D, et d'autre part ce sont parfois des variations de l'ensemble D par une sorte d'évolution uniforme de l'ensemble par rapport à la situation précédant l'application de ces actions ; ces secondes variations de positions sont celles d'une évolution, d'un mouvement, en bloc de l'ensemble D. Une telle évolution ne peut être reliée à des variations de positions relatives des éléments de D, il est donc nécessaire de faire appel à des éléments extérieurs à D, non affectés par l'évolution en bloc, qui constituent de bons observateurs pour la percevoir.

• Par exemple, un décret impose d'équiper tous les véhicules à essence d'un dispositif limitant l'émission de gaz carbonique, sous peine de confiscation du véhicule. L'ensemble {automobilistes + véhicules} reçoit cette action redoutable Fp qui le fait évoluer uniformément vers des véhicules ainsi équipés. Les variations de positions relatives entre éléments automobilistes et véhicules qui en découlent étant les mêmes pour tous les couples, les déformations sont par définition nulles, mais l'ensemble a évolué par un mouvement de bloc rigidifié.

Dans un autre exemple, l'ensemble client n°i et aspirateur Xi a évolué en bloc, sans action autoritaire, par la réduction de la consommation électrique, résultat du souci écologique et des nouvelles performances de tous les appareils. Cette évolution apparaît lorsqu'on se place en observateur extérieur à D, c'est-à-dire lorsqu'on compare globalement les consommations actuelles à celles d'il y a dix ans.

Si la superposition des actions Fi aboutit à une configuration où plus rien n'évolue, ni à l'intérieur de D, ni en bloc, alors l'état d'équilibre total est atteint. En revanche, suivant les évolutions constatées, on pourra être amené à distinguer l'équilibre interne à D et l'équilibre en bloc de D par rapport à son extérieur $\overline{D}$.

A l'intérieur de l'ensemble D, on pourrait penser qu'il existe une évolution continuelle et uniforme des configurations due à des actions extérieures. Mais ce n'est pas le cas car l'apparition d'une action autoritaire est instantanée, l'évolution se produit sans délai, et sa durée est limitée. Par exemple, l'évolution « perdre deux kilos » se produit pendant le temps nécessaire pour cela et elle cesse lorsque cette évolution s'est produite, c'est-à-dire lorsque le but est atteint.

II.4. Point de vue énergétique.

D'un point de vue énergétique, chaque action autoritaire (grandeur intensive) Fi produit une évolution d'ampleur Ei (grandeur extensive)

dans la direction ei, et la dualité entre ces deux grandeurs permet de concevoir une énergie ou un travail développé par $\overline{D}$ sur D entre les instants avant et après l'application des Fi. On définit cette énergie le plus simplement possible par le produit des deux Wi == Fi.Ei ou sous forme incrémentale δWi = Fi.δEi.
Il est nécessaire de préciser si W concerne D en entier ou un sous-ensemble. Lorsque l'évolution est uniforme, il est facile de sommer des travaux élémentaires sur chaque couple d'éléments. Par contre, si la propagation d'une action extérieure autoritaire dans un milieu hétérogène D n'est pas uniforme, il faut sommer ces travaux par couples et par incréments.

• Par exemple, une chaîne de magasins vendant des produits diététiques décide de consacrer de l'énergie (de financer) pour faire perdre des kilos à certains employés par des séances de culture physique. Chaque séance est une action Fi sur les couples employés-poids, et la perte de poids à chaque séance est δPi pour le couple i. Le travail pour ce couple est δWi= Fi. δPi. Si tous les couples effectuent les mêmes exercices F_0 et perdent tous le même poids δP_0 à chaque séance, le travail pour chaque couple est $\delta W_0 = F_0. \delta P_0$ et pour I couples et S séances, le total est $W_{total} = n.N.\ F_0.\ \delta P_0$. Mais si les comportements sont non uniformes, le travail sur les I couples lors d'une séance n°s s'obtient en sommant $\delta W_{(I,s)} = \Sigma_{i=1 à I}\ F_{(i,s)}.\ \delta P_{(i,s)}$ et pour l'ensemble des S séances, il faut encore sommer : $W_{total} = \Sigma_{s=1 à S}\ \delta W_{(I,s)}$.

Lorsque plusieurs actions produisent des travaux exprimés dans la même unité, le travail total développé par $\overline{D}$ sur D entre les instants avant et après l'application des Fi s'écrit W = Σ δWi, car il y a additivité des travaux.

Exemple 1. Equilibre des comptes bancaires.
On considère le domaine D constitué des fonctionnaires et de leurs rentrées et sorties d'argent sur leurs comptes bancaires. Les actions extérieures sur D ont pour but le bon fonctionnement (financements, services) de la collectivité, et elles ont un caractère impératif. Ce sont des prélèvements pour les collectivités locales, pour la santé, l'éducation, etc. Elles induisent des évolutions qui sont le versement mensuel des salaires et autres revenus, et aussi les prélèvements de l'impôt sur ces revenus, de l'impôt solidarité, de la taxe d'habitation,

etc. Il n'y a que deux évolutions, rentrées et sorties d'argent, et toutes ces grandeurs sont exprimées en euros.
L'équilibre des couples individus et leurs finances est trouvé en fonction des montants rentrés et sortis, chacun organisant ses dépenses domestiques dans ce but.
Ici on peut convenir que les entrées d'argent sont positives et que les sorties sont négatives. L'équilibre se traduit par Σsorties $\leq$ Σentrées.

Exemple 2. Equilibre de la circulation automobile.
On considère l'ensemble D constitué des voies de circulation d'une grande ville et des automobilistes. Les actions extérieures autoritaires sont les interdictions, les passages obligés, l'augmentation ou la réduction du nombre de voies, la coordination des feux de circulation.... qui font évoluer les éléments de D vers une circulation la plus fluide possible. L'équilibre est atteint lorsque chaque automobiliste trouve son meilleur itinéraire, celui qui lui permet de circuler le plus librement possible, compte tenu des actions autoritaires. Cet équilibre est différent de celui qui s'était installé avant l'application des actions autoritaires.

Exemple 3. Equilibre entre efforts et réussite.
Julien, qui est un bon représentant des jeunes étudiants, décide, après son bac, de poursuivre ses études dans une classe prépa renommée. C'est pour lui un nouveau départ dans ses études. Le domaine dont on va étudier l'équilibre est constitué des capacités (intellectuelles, de travail) de Julien et de la qualité du travail qu'il fournit. L'encadrement est très fort de la part des professeurs, et la motivation de tous crée un phénomène d'entraînement pour réussir. Les actions extérieures autoritaires sur les couples capacités intellectuelles et travail fourni, sont :
- des encouragements répétés F1 qui font évoluer vers une grande motivation U1
- ne pas se laisser distraire F2 qui impose de la concentration et un travail régulier U2
- organiser son temps de travail hors classe F3 pour en accroître l'efficacité U3
- suivre les cours avec avidité F4 qui fait évoluer vers une assimilation maximale U4
- faire tous les devoirs F5 pour profiter d'un entraînement et de compléments nécessaires U5

- et aussi (et surtout) sa grande volonté de réussir et les encouragements de ses proches qui sont des actions extérieures aux liens entre ses capacités et ses travaux, notées F6, qui le font évoluer vers la capacité à supporter ces difficultés U6.
Julien n'a pas envie d'abandonner, il est en équilibre sous ces différentes actions, sa volonté de réussir F6 lui permet de supporter F1 à F5. Cet équilibre peut s'écrire schématiquement $(\Sigma_{(i=1 à 6)}Fi) = 0$, mais il faudra préciser comment réaliser cette somme des actions Fi qui ne sont de même nature.
Chaque action autoritaire Fi produit sur Julien en particulier une évolution δUi et un travail $\delta Wi = Fi. \delta Ui$, et au total $W = \Sigma\ \delta Wi$. La somme de ces travaux est plus facile à envisager que la somme des actions. Si toutes les actions autoritaires produisent effectivement les évolutions attendues, elles sont motrices et les travaux sont positifs, mais il est concevable que certaines actions produisent une résistance et alors le travail correspondant est négatif, comme par exemple
$\delta W5 = F5. \delta U5$.

Exemple 4. Equilibre d'arguments commerciaux.
Ensembles considérés : des clients représentés par Mr X et les chaudières domestiques. Mr X possède déjà une vieille chaudière, mais il n'est pas sensible à l'attachement qu'il pourrait avoir pour elle, et c'est bien ainsi car la nostalgie, l'amour de l'ancien ne sont pas des actions autoritaires qui sont les seules qui importent ici. Il faut considérer l'acquisition d'une chaudière complètement nouvelle, sans comparaison avec l'ancienne. Les actions extérieures sur Mr X proviennent des commerciaux qui ont des arguments incitatifs, flatteurs, mais Mr X n'y est pas sensible, et c'est tant mieux pour la même raison. Les actions extérieures utiles car davantage autoritaires, sont : une réduction sur le prix d'achat s'il a lieu avant le 30 octobre, une déduction fiscale si la chaudière est reconnue écologique, une difficulté d'approvisionnement en bois pour une chaudière à bois, une augmentation assurée du prix du gaz pour chaudière à gaz… avec les directions d'évolutions correspondantes qui sont respectivement acheter avant le 30 octobre, acheter écologique, éviter le combustible bois, prévoir un surcoût avec le gaz…. D'autres actions et évolutions n'ont aucun effet sur les Mr X.
L'équilibre est la situation des Mr X qui, tiraillés par tous ces arguments, finissent par trouver un compromis, un « équilibre », pour concrétiser leur meilleur choix.

III. EVOLUTIONS VIRTUELLES

A partir de la situation d'un domaine D en état d'équilibre, qui n'évolue plus sous l'effet d'actions autoritaires extérieures, on peut imaginer une petite perturbation non réelle, c'est-à-dire virtuelle qui met en jeu des actions autoritaires extérieures virtuelles Fv_i et des évolutions virtuelles ev_i . Ces évolutions doivent être imaginées raisonnablement et doivent être cinématiquement admissibles pour être plausibles.

De plus, afin de pouvoir utiliser le théorème des travaux virtuels exposé plus loin, ces évolutions virtuelles doivent être très particulières : elles doivent être des évolutions en bloc ou évolutions à structure rigide, c'est-à-dire telles que la structure des attachements à l'intérieur de D ne soit pas affectée par cette évolution virtuelle, afin d'éviter le difficile calcul de l'énergie interne d'évolution (de déformation).

La méthode des évolutions virtuelles ([1],[2]) sert à répondre à des questions très simples : comment connaître les efforts de cohésion dans les attachements à tel emplacement précis de D, et comment connaître l'intensité d'une action extérieure agissant sur D en équilibre ?

En effet, s'il n'y a pas de rupture des attachements dans D à tel endroit précis, c'est parce qu'il existe des efforts de cohésions entre éléments. On peut les connaître grâce à la méthode des évolutions virtuelles qui consiste à imaginer à cet endroit, une rupture virtuelle, où les deux parties s'écarteraient de δe_{v1} (ou tournent de $\delta \omega_{v1}$), et à imaginer une action extérieure qui joue le rôle de l'effort de cohésion F_{v1} (ou du moment M_{v1}) à cet endroit. Le travail virtuel $\delta W_{ext.v1} = F_{v1}.\ \delta e_{v1}$ (ou $M_{v1}.\ \delta \omega_{v1}$) est le travail qu'il faudrait fournir pour refermer la rupture et ramener la cohésion à cet emplacement.

L'autre question sur la détermination d'une action extérieure Fv_M sur la zone M peut se résoudre toujours par la même méthode en imaginant une évolution virtuelle δev_M qui est compatible avec l'évolution en bloc de D, et qui met en jeu un travail virtuel
$\delta W_{extvM} = Fv_M.\ \delta ev_M$.

L'évolution virtuelle se produisant en bloc, il est facile d'imaginer une autre rupture où le travail de re-cohésion serait $\delta W_{ext.v2} = F_{v2}.\ \delta e_{v2}$, ou une autre action extérieure sur une zone N qui mette en jeu un travail virtuel $\delta W_{extvN} = F_{VN}.\ \delta e_{VN}$. Pour un problème donné, on peut ainsi écrire plusieurs expressions de travaux virtuels.

Enfin, en utilisant la propriété ou le théorème des travaux virtuels qui exprime le fait que, pour les configurations d'équilibre, les travaux extérieurs « se transforment » en travaux intérieurs de déformation de D, et considérant que les évolutions virtuelles envisagées ici se font en bloc rigide donc à travail de déformation nul, il reste que les travaux extérieurs ont une somme nulle :

$$\Sigma\ \delta W_{extv...} = 0.$$

Cette propriété, appliquée autant de fois qu'il est nécessaire, fournit une ou plusieurs équations, qui permettent d'approcher des efforts extérieurs ou des efforts de cohésion recherchés.

Un exemple issu de la mécanique des charpentes ou systèmes de barres permet d'illustrer cette méthode : le plus simple est composé d'une seule barre, reposant sur deux appuis et supportant une charge F en son milieu. Comment déterminer le moment de cohésion au point D défini sur la figure ?

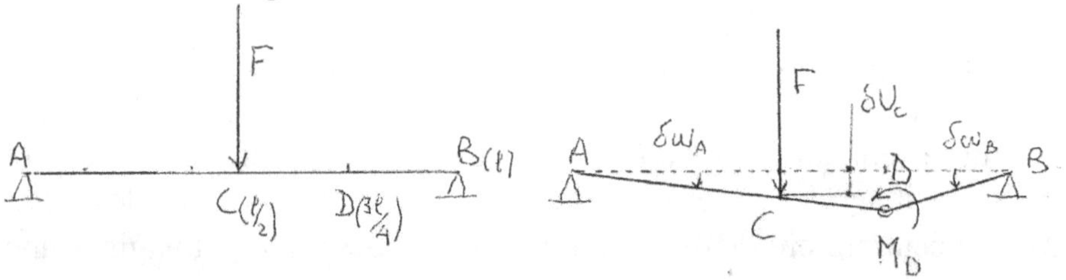

Comme le montre la figure ci-dessus, on imagine une « rupture » en D qui permet ici une simple rotation. L'action extérieure jouant le rôle des forces de cohésion est un moment M_D qui va apparaître dans un travail virtuel. Les parties AD et AB restent rigides, ce qui facilité le calcul des rotations $\delta\omega_A$ et $\delta\omega_B$ en fonction du déplacement δU_C du point d'application de F. On trouve

$$\delta\omega_A = 2.\delta U_C / l \qquad \delta U_D = 3.\delta U_C / 2 \qquad \delta\omega_B = -6.\delta U_C / l$$

En appliquant le théorème des travaux virtuels dans notre cas,
$\Sigma\ \delta W_{extv...} = 0$ amène : $F.\delta U_C + M_C.\delta\omega_A - M_C.\delta\omega_B = 0$.

Il faut veiller à ce que les signes des deux derniers travaux soient corrects. On en déduit le résultat cherché : $M_C = -F.l/8$.

La barre AB peut schématiser une structure plus compliquée comme un pont ou une chaîne de solidarité reliant deux milieux A et B.

Exemple EV 5. Estimation de la difficulté à faire passer une évolution des conditions de travail.

On considère le milieu d'une jardinerie, composé des employés et de leurs conditions de travail (horaires, salaires…) auxquelles ils sont attachés. Ce milieu est en équilibre, les actions extérieures proviennent de la direction, de la qualité et de la quantité de travail à fournir. La direction propose un projet de petite évolution de cette situation, qui consiste à augmenter le temps de travail, action notée F_1, d'une durée de 1 heure le vendredi, effet noté δU_1. et elle envisage une « compensation » qui consiste à augmenter la rémunération, action notée F_2, d'un montant δU_2 à négocier. Ces actions sont supportées uniformément par tous les employés, et elles n'affectent aucunement les autres conditions de travail, il s'agit d'une évolution en bloc.

L'idée de compensation se traduit par l'égalité des produits $F_1.\ \delta U_1$ et $F_2.\ \delta U_2$, où ces quantités ont bien la dimension d'une énergie (produit d'une grandeur intensive, l'action, par la grandeur duale associée). Cette égalité n'est autre que le théorème des travaux virtuels, avec $F_1.\ \delta U_1$ positif car imposé par l'extérieur, et $F_2.\ \delta U_2$ est négatif car « subi » par la direction.

Dans $F_1.\ \delta U_1 = F_2.\ \delta U_2$, la direction cherche à estimer la difficulté à faire passer cette évolution, représentée par non pas F_1 mais $F_1.\ \delta U_1$, où $\delta U_1 = 1$ heure. La négociation avec les employés fournit le travail $F_2.\ \delta U_2$, où δU_2 s'exprime en euros.

Cet exemple reste qualitatif car la quantification des grandeurs F_1 et F_2 est difficile ; l'intensité de ces actions pourrait s'estimer par l'âpreté des discussions.

Exemple EV 6. Estimation des transformations d'un immeuble.

Un immeuble a été classé monument historique. L'ensemble D est constitué des copropriétaires et des travaux de rénovation et de valorisation. L'autorité des monuments de France impose des actions concernant la toiture, les fenêtres, le confort moderne, qui amènent des évolutions vers des réhabilitations de ces différents postes. L'équilibre est atteint lorsque tout ce qui devait être rénové l'a été.

On imagine ensuite l'évolution virtuelle suivante : sans autres modifications, on décide d'ajouter à la construction finie un nouvel équipement qui ne modifie aucunement les attachements entre copropriétaires et travaux effectués, c'est-à-dire une évolution en bloc de D, sans déformation des attachements. Cette évolution virtuelle consiste à installer un second ascenseur côté jardin (action Fv1), qui fait évoluer l'ensemble D dans la direction de plus d'agréments, plus de satisfaction et de jouissance, que nous résumons par plus de séduction (évolution notée δUv1).

Cette évolution met en jeu une autre action extérieure dont on a besoin pour écrire le théorème des travaux virtuels (TTV).
1er cas :
L'équivalence bien naturelle entre augmentation des prestations et valeur du bien a pour conséquence une augmentation moyenne du prix du mètre carré (action Fv2), et un atout recherché dû à une telle prestation (évolution δUv2).
Comment estimer l'augmentation du prix du mètre carré représentée par Fv2 ?
Dans le bilan énergétique, les travaux intérieurs virtuels de cohésion sont nuls dans cette transformation en bloc rigide, et d'après le TTV, la somme des travaux extérieurs virtuels est nulle. Ceci s'écrit, en valeurs absolues :

$$Fv1.\ \delta Uv1 = Fv2.\ \delta Uv2.$$

On comprend pourquoi il est nécessaire de faire intervenir deux actions extérieures pour pouvoir écrire une telle relation.
L'installateur renseigne sur le coût Fv1.
Les copropriétaires donnent un indice de satisfaction $\delta Uv1 = 1$ si peu d'entre eux sont séduits ou $\delta Uv1 = 5$ s'ils sont très séduits, et d'un autre point de vue, $\delta Uv2 = 1$ si la prestation est rare (exceptionnelle), ou $\delta Uv2 = 4$ si elle est très répandue.
Ainsi $Fv2 = Fv1.\ \delta Uv1/\ \delta Uv2$
Soit $Fv2 = Fv1.\ 1/4$ si la prestation est peu séduisante et répandue, ou $Fv2 = Fv1.\ 5/1$ si la prestation est très séduisante et peu répandue, et dans ce dernier cas le prix du m^2 augmente considérablement, ce qui est en accord avec notre bon sens.
Ceci illustre le fait que l'énergie investie dans cet aménagement (cette évolution) équivaut à une plus value d'un montant correspondant, pondéré par le côté séduisant et recherché de la prestation.

2ème cas :

Une autre action extérieure autoritaire et virtuelle, en cohérence avec Fv1 est l'aménagement par la municipalité des abords du côté jardin, action F'v2, qui produit l'évolution δU'v2 qui est une plus-value de l'immeuble.

Comment estimer δU'v2 ?

Le travail extérieur virtuel de cette autre action est F'v2. δU'v2, et la somme nulle des travaux virtuels extérieurs sur D donne

Fv1. δU'v1 = F'v2. δU'v2

d'où on tire δU'v2 = δUv1. Fv1/F'v2.

Les actions extérieures peuvent s'estimer par le coût de l'installation de l'ascenseur Fv1 et le coût de l'aménagement du jardin F'v2, considérés dans leur totalité ou ramenés au mètre carré, mais dans les deux cas le rapport Fv1/F'v2 est le même : estimons-le entre 2 et ½ suivant les poids relatifs.

Suivant que la nouvelle prestation est très ou peu séduisante on peut donc avoir

δU'v2=5.2 ou δU'v2=1.2 si Fv1/F'v2 =2

ou δU'v2 = 5.1/2 ou δU'v2 = 1.1/2 si Fv1/F'v2 =1/2.

La plus value de l'immeuble devient très élevé (avec un indice δU'v2 = 10) lorsque le projet du nouvel ascenseur est jugé très séduisant et lorsque son installation a été très coûteuse.

De ces deux cas d'évolutions virtuelles, le 1er cas n'est pas très correct ; en effet, le prix moyen du mètre carré (Fv2) n'est pas vraiment une action autoritaire extérieure, et surtout, le produit (Fv2.Uv2) n'est pas un travail comme on le définit pour les matières généralisées car on n'y reconnaît pas une grandeur intensive et sa grandeur extensive associée. Il faut revoir la définition de ces grandeurs ou abandonner ce 1er cas. Dans le second cas, F'v2 est bien une action extérieure, et le produit (F'v2. δU'v2) correspond à ces exigences.

Dans le 1er et le 2ème cas, l'hypothèse de l'évolution en bloc évite, heureusement, de considérer les interactions entre l'installation de l'ascenseur et l'intérêt de tel ou tel copropriétaire.

Dans les deux cas envisagés, on constate que la méthode des évolutions virtuelles présente plusieurs difficultés dans son application : il faut imaginer une évolution en bloc qui ne modifie pas les attachements en place, et les grandeurs intervenant dans les travaux des actions extérieures doivent être duales.

Exemple EV 7. Estimation de la cohésion en un poste de travail surchargé.

On considère une administration qui traite des dossiers médicaux particuliers dans le but d'accorder certaines subventions aux malades. Ce travail nécessitant beaucoup de nuance et de jugement, tous les dossiers doivent se traiter à la main. La matière généralisée, notée A, est constituée des employés et des dossiers auxquels ils sont attachés. Les actions extérieures autoritaires sur A se manifestent par :

- les règlements de la profession notés R_k,
- par les versements des salaires des personnels, notés S_p et aussi
- par les quantités de travail entrant dans cette administration, actions notées F_{ej} (F_{ej} pourrait être définie par le produit du nombre de dossiers de type j quotidiens par leur indice de complexité).

Le nombre de dossiers de type m traités par jour, c'est-à-dire sortant de cette administration est noté D_m (m=1,2…). C'est une évolution de l'administration sous les actions extérieures F_{ej}.

Celle-ci a un fonctionnement en équilibre lorsque,

$$\Sigma_j F_{ej} + \Sigma_k R_k + \Sigma_p S_p = 0.$$

Mais cette relation présente un gros problème d'unités des termes très disparates. On préfère s'intéresser aux énergies mises en jeu.

Le travail ou l'énergie développée par l'administration sur les dossiers est

$$W = \Sigma_m F_{em}. D_m.$$

Tout employé étant attaché à ses dossiers, une rupture de ce lien se traduit par un abandon du traitement dû à la surcharge de travail, à la difficulté, à la lassitude.

On s'intéresse à la cohésion c'est-à-dire au risque de rupture en un poste de traitement bien particulier, noté M, plus surchargé que les autres. La sollicitation de cohésion à cet endroit est notée F_{iM} (indice i pour interne), c'est la quantité de travail fournie par M.

On imagine une évolution virtuelle due à une variation du nombre de dossiers de type m_0 traités en M, noté δD_{m_0M} . Afin de rétablir la cohésion en M, on ajoute une action (quantité de travail) virtuelle F_{vM} considérée comme action extérieure, à laquelle correspond une variation du travail développé $\delta W_{vM} = F_{vM}. \delta D_{m_0M}$. L'évolution virtuelle ne concerne que le poste de travail M, les autres postes ne

sont aucunement affectés, le travail intérieur δW_i y est nul car leur évolution s'y fait en bloc.
La suppression d'un nombre δD_{moM} de dossiers non traités, implique une variation des dossiers entrants. Si l'action extérieure F_{e2} (provenant de l'hôpital n°2) comporte 30% de dossiers m et si F_{e5} (provenant du secteur n°5) en comporte 70%, cette évolution met en jeu une variation des travaux virtuels extérieurs :

$$F_{e2}.0,3.\ \delta D_{moM} + F_{e5}.0,7.\ \delta D_{moM}$$

D'après la méthode des travaux virtuels, la somme des travaux extérieurs est nulle, ce qui donne

$$- F_{vM}.\ \delta D_{moM} + F_{e2}.0,3.\ \delta D_{moM} + F_{e5}.0,7.\ \delta D_{moM} = 0$$

La sollicitation limite en M, c'est-à-dire la quantité de travail limite en M qui assure la cohésion est donc, en valeur absolue,

$$F_{vM} = 0,3.\ F_{e2} + 0,7.\ F_{e5}$$

où F_{e2} et F_{e5} sont des actions extérieures représentant des quantités de travail, connues.
On remarque qu'on arrive à ce résultat avec du bon sens, en comptabilisant tout simplement les dossiers de type m_0 traités en M.

IV. CONCLUSION

L'intérêt de la méthode des évolutions virtuelles est de permettre de déterminer des actions extérieures et des efforts intérieurs de cohésion pour les ensembles d'éléments en équilibre.
Mais sa mise en application est très délicate lorsqu'on recherche des actions extérieures, car il faut imaginer une évolution virtuelle qui garantisse une évolution en bloc de l'ensemble, afin que les travaux intérieurs de déformation (ou d'évolution des attachements) soient nuls.
Si on recherche les efforts de cohésion dans une zone particulière, il faut imaginer une évolution virtuelle où une rupture s'y est produite et où des actions de cohésion virtuelles referment la rupture. Dans ce cas encore, la mise en œuvre de la méthode des évolutions virtuelles est très délicate.
Il faut de plus que les grandeurs qui interviennent dans les travaux respectent la règle de dualité.

Bibliographie

[1] Mécanique des milieux continus, Jean Coirier, Dunod.
[2] Mécanique du continu, concepts généraux, Jean Salençon, Ellipses.

Annexe

Description d'une matière généralisée

- La matière généralisée est « vivante » , constamment en évolution, les éléments sont à la recherche de meilleurs attachements, ceux qui minimisent leur énergie d'interaction.
- **Exemple: les individus et leur voiture**.
- **Espace**: Imaginer toutes sortes d'individus: jeunes, vieux, fortunés ou non, en Alasca ou en Provence ou en Inde,.... et toutes sortes de voitures; diverses couleurs, forme, marque, puissant ou non, raffinée ou non, écologique ou non, etc.L'espace de cette matière est l'ensemble de tous les attachements ai-bj imaginables.
- Ces ensembles sont très vastes. On les réduit en considérant un **volume**: celui des franciliens de 18 à 50 ans ou les filles de 18 à 20 ans,...et leur voiture en 2010 ou 1960 ...
- Les représentants A1, A2...B1, B2...de sous ensembles sont définis par des critères en nombre limité 1 ou 2) qui ne doivent pas fluctuer (varier) au cours du temps (au cours des évolutions)

Description d'une matière généralisée (suite 1)

ce sont par exemple, une fourchette d'âge, la situation géographique...
Position relative des éléments : dans les sous ensembles Ai et Bi, elles se définissent d'abord en recherchant les critères qui caractérisent (les caracté ristiques) les éléments. Pour les individus, ce sont l'age (dans la fourchette qui définit le sous ensemble), revenus, famille, désir de puissance, désir de raffinement, etc Ces critères peuvent (doivent) fluctuer au cours du temps.
Pour définir les **écarts de positions** entre éléments, il faut quantifier les critères qui caractérisent les éléments, par un chiffre entre 1 et 5 par exemple, (ou par la valeur directe de la caractéristique age, revenus...)
Par exemple, dans A1 = franciliens du 1er 2ème 3ème arrondissement, on caractérise par age =2, revenus = 5, désir de raffinement = 3, etc Dans A2= automobilistes de l'ouest parisien, age =3, revenus =4, voiture familiale= 4; désir de puissance =2, etc. Dans B4= voitures entre 12000 et 16000 euros, les caractéristiques sont consommation=2, confort = 4, familiale = 5, etc

Description d'une matière généralisée (suite 2)

- **Fluctuations** des positions entre éléments (température): dans A1, l'âge et le revenu ne fluctuent pas eu très peu (sauf cas de perte d'emploi), mais le désir de puissance ou de raffinement ou de voiture familiale, peuvent changer en fonction de l'aparition de nouveaux modèles, en fonction des discussions au café du commerce ou de la revue automobile… et les valeurs de certains critères changent, etpar exemple l'attachement A1-B7 peut se défaire et devenir A1-B2
- **Pression** sur le volume: ce sont des actions autoritaires telles que taxation de tels voitures non écolo, des diesels, des voitures de la marque X.. Ou ce sont des actions incitatrices comme des incitations fiscales… Ces actions sont ressenties par tous les Ai et Bj de manière uniforme.

6. Concentration des évolutions irréversibles

Dans les matières physiques dans un premier temps, puis dans les matières généralisées, soumises à des actions autoritaires imposées de l'extérieur, on s'intéresse au phénomène de concentration de l'évolution (de la déformation) irréversible, appelé phénomène de striction chez les métaux en feuilles ductiles (plaques, tubes,...).
Il est l'illustration, de manière inattendue, des cas d'instabilité des déformations. On commence par l'analyse des phénomènes de strictions de différents types, avant d'essayer de les généraliser à des cas d'individus présentant un manque de liens sociaux ou familiaux, et supportant néanmoins des contraintes extérieures. Ce déficit d'attachements peut être rapproché de l'affaiblissement de la consistance des plaques « 2D », à cause de leur faible épaisseur.
Certains développements pourront paraître excessifs, mais ils permettent de montrer en profondeur l'origine de diverses propriétés.

I. DANS LES MATIERES PHYSIQUES

La connaissance de la plasticité (lois d'écoulement, loi de Von Mises) est ici nécessaire. On négligera les déformations élastiques devant les déformations plastiques.
Une striction est une concentration, une localisation, de la déformation plastique qui peut être diffuse, répartie, mais aussi localisée en une bande étroite (Fig 1a,b,c).

I.A. Cas de la striction diffuse dans une éprouvette de traction massive cylindrique. Les longueur et section initiales L_0 et S_0 (Fig 1a) deviennent L et S en traction. Les contraintes de traction rationnelle (ou vraie) et conventionnelle sont notées σ et σ_{conv} de sorte que, sous un même effort de traction,

$$\sigma_{conv}.S_0 = \sigma.S \qquad (1)$$

En introduisant le taux d'allongement

$$\varepsilon = \ln(L/L_0) = \ln(S_0/S) \qquad (2)$$

…la contrainte rationnelle s'écrit

$$\sigma = \sigma_{conv}.S_0/S = \sigma_{conv}.\exp(\varepsilon) \qquad (3)$$

Sur la courbe de traction conventionnelle, l'apparition de la striction dite diffuse (non nettement localisée, répartie) se situe au point d'ordonnée maximale, c'est-à- dire au point de tangente horizontale, noté R (comme rupture), car il correspond à la contrainte maximale, qui amène la rupture.

Lorsque ce point R est atteint, on a $d\sigma_{conv} = 0$ (4)

Avec (4) et (1), on obtient $\sigma.dS + S.d\sigma = 0$ (4')

et avec (2) $d\sigma = -\sigma.dS/S = \sigma.d\varepsilon$ (5)

autrement dit, en ce point R, $\left(\dfrac{d\sigma}{d\varepsilon}\right)_R = \sigma_R$ (6)

Pour un matériau suivant une loi rhéologique de consolidation du type Hollomon $\sigma = K.\varepsilon^n$, $\left(\dfrac{d\sigma}{d\varepsilon}\right)_R = n.K.\varepsilon_R{}^{n-1}$

et (6) devient $\left(\dfrac{d\sigma}{d\varepsilon}\right)_R = K.\varepsilon_R{}^n$ (7)

On en déduit que la striction dite diffuse pour les éprouvettes cylindriques se produit pour un taux d'allongement (Fig. 3) :

$$\varepsilon_R = n \qquad (8)$$

Pour une autre loi rhéologique voisine de celle d'Hollomon, le résultat ε_R est voisin.

I.B. Striction localisée dans une éprouvette plate en traction uniaxiale d'axe $\vec{x}_1$ d'épaisseur initiale e_0 suivant $\vec{x}_3$, de largeur initiale w_0 suivant $\vec{x}_2$ (Fig 1.e). L'aire de la section initiale $S_0=w_0.e_0$ devient $S=w.e$. Dans le cas des éprouvettes plates et minces, on sait que durant la déformation plastique, la striction est localisée dans une bande oblique par rapport à $\vec{x}_1$ (Fig 1d, e), et elle se manifeste par un amincissement de e, et dès que cela se produit, la largeur w ne diminue plus. C'est pourquoi on évacue dans ce cas le rôle de la largeur w en considérant l'effort de traction par unité de largeur noté T tel que

$$T = \sigma_{11}.e = \sigma_{conv}.e_0 \qquad (9)$$

A l'apparition de la striction localisée,

$$\frac{dT}{T} = 0 \quad \text{soit} \quad \frac{d\sigma_{11}}{\sigma_{11}} + \frac{de}{e} = 0 \qquad (10)$$

Cette relation est analogue à (4'), elle fait apparaître $d\varepsilon_{33}$ au lieu du $d\varepsilon_{11}$ précédent.

Soit encore, d'après la définition de $d\varepsilon_{33}$:

$$d\varepsilon_{33} = \frac{de}{e} = -\frac{d\sigma_{11}}{\sigma_{11}} \qquad (11)$$

Mais $d\varepsilon_{33}$ s'obtient aussi par la loi d'écoulement

$$\frac{d\varepsilon_{33}}{\sigma_{33} - \sigma_m} = \frac{3}{2}.\frac{d\bar{\varepsilon}}{\bar{\sigma}} \qquad (12)$$

soit avec $\sigma_{33} = 0$ et $\sigma_{22} = 0$ donc avec la contrainte moyenne

$$\sigma_m = \sigma_{11}/3, \qquad d\varepsilon_{33} = -\frac{\sigma_{11}}{3}.\frac{3}{2}.\frac{d\bar{\varepsilon}}{\bar{\sigma}} \qquad (13)$$

La déformation généralisée $\bar{\varepsilon}$ et la contrainte généralisée $\bar{\sigma}$ se calculent dans le cas de la traction simple, à l'instant précis de l'apparition de la striction localisée c'est-à-dire en adoptant, pour respecter l'incompressibilité

$$d\varepsilon_{11} = -2.d\varepsilon_{22} = -2.d\varepsilon_{33} \qquad (13')$$

ce qui donne : $\bar{\varepsilon} = \sqrt{\frac{2}{3}}.\sqrt{\varepsilon_{11}{}^2 + \varepsilon_{22}{}^2 + \varepsilon_{33}{}^2 + 0 + 0 + 0} = ...$

$$... = \sqrt{\frac{2}{3}}.\sqrt{\varepsilon_{11}{}^2 + \varepsilon_{11}{}^2/4 + \varepsilon_{11}{}^2/4} = \varepsilon_{11}$$

puis $\bar{\sigma} = \frac{1}{\sqrt{2}}.\sqrt{(\sigma_{11} - \sigma_{22})^2 + (\sigma_{11} - \sigma_{33})^2 + (\sigma_{33} - \sigma_{22})^2} = ...$

soit $$\bar{\sigma}. = \frac{1}{\sqrt{2}}.\sqrt{2.\sigma_{11}{}^{2}} = \sigma_{11}$$

Fig. 1.a Fig. 1.b Fig.1.c Fig. 1.d

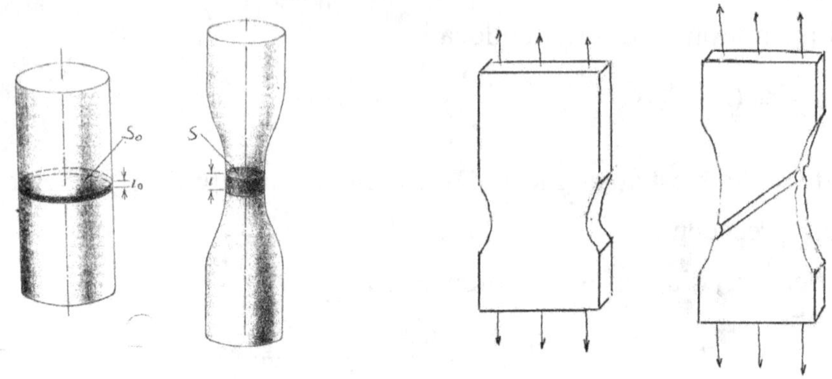

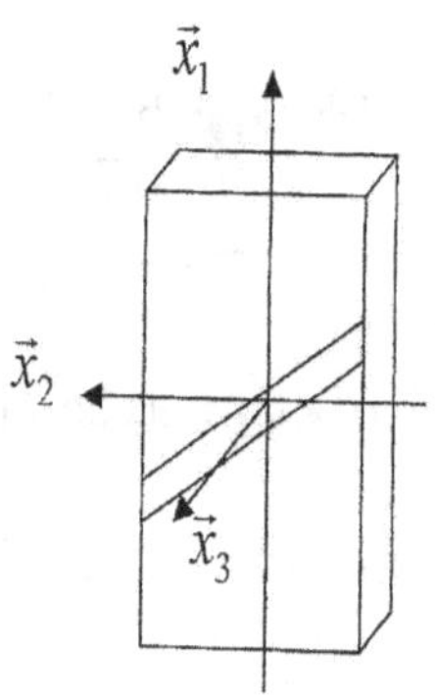

Fig. 1.e

Figures 1. Strictions a et b : diffuses. C etd : diffuse et localisée.
e : modélisation avec w = w0.

En reportant dans (13), et avec (11), il vient

$$\frac{d\sigma_{11}}{\sigma_{11}} = \frac{1}{2}.d\varepsilon_{11} \quad \text{soit} \quad \frac{d\sigma_{11}}{d\varepsilon_{11}} = \frac{1}{2}.\sigma_{11} \qquad (14)$$

En adoptant une loi rhéologique de type Hollomon $\sigma_{11} = K.\varepsilon_{11}{}^{n}$, on en déduit, à l'apparition de la striction localisée (Fig. 3) :

$$\varepsilon_{11} = 2.n \qquad (15)$$

L'inclinaison de la bande de striction localisée, définie par α (Fig.2) peut se déterminer par les relations (13') $d\varepsilon_{11} = -2.d\varepsilon_{22} = -2.d\varepsilon_{33}$ et par le tracé correspondant de l'allure du cercle de Mohr des taux de déformations ; on trouve l'angle α pour lequel le taux d'allongement dans la direction du sillon de la striction localisée est nul : α = 54,7°. (voir Fig. 2)

Pourquoi existe-t-il un taux d'allongement nul ? Quand on passe de la direction $\vec{x}_1$, dans laquelle le taux d'allongement est positif, à $\vec{x}_2$ où le taux d'allongement est négatif, il est logique de penser qu'il existe une direction $\vec{x}_2{}'$ intermédiaire où le taux d'allongement est nul : $d\varepsilon'_{22} = 0$. Alors, l'incompressibilité plastique $d\varepsilon'_{11} + d\varepsilon'_{33} = 0$ implique $d\varepsilon'_{33} < 0$: *le sillon se creuse et* $d\varepsilon'_{11} > 0$ *: le sillon s'élargit ; c'est bien le début de la striction localisée.*

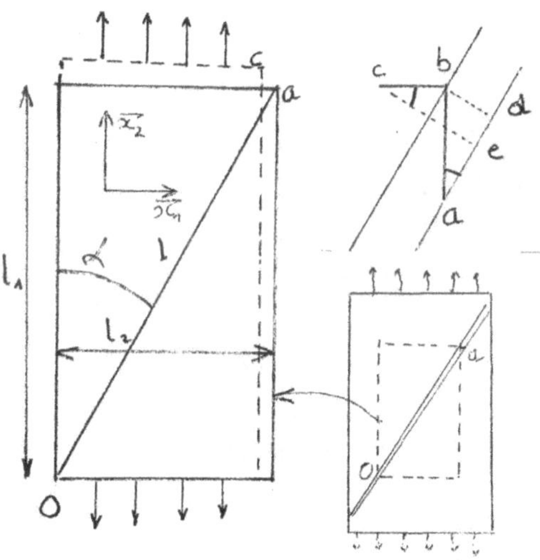

ab = dl_1 bc = dl_2

La longueur l est inchangée car le sillon se creuse et s'élargit sans s'allonger à cause de la non déformation des zones de part et d'autre.

→ e confondu avec a : ea = 0
soit ad - dc = 0

$$dl_1.\cos\alpha - dl_2.\sin\alpha = 0$$

$$\frac{dl_1}{l_1}.\frac{l_1}{l}.\cos\alpha - \frac{dl_2}{l_2}.\frac{l_2}{l}.\sin\alpha = 0$$

$$\varepsilon_{11}.\cos^2\alpha - |\varepsilon_{22}|.\sin^2\alpha = 0$$

$$\tan^2\alpha = \left|\frac{\varepsilon_{11}}{\varepsilon_{22}}\right| = 2$$

$$\rightarrow \quad \alpha = 54°,7$$

FIG. 2. Inclinaison de la striction localisée.

Concrètement, la longueur oblique du sillon ne varie pas car les zones adjacentes redeviennent rigides dès l'apparition du sillon, sans déformation plastique, toute la déformation est alors concentrée dans le sillon.

Pour trouver la valeur de α, on peut aussi essayer une méthode purement géométrique illustrée Fig.2, mais cette manière est moins immédiate car les relations (13') font intervenir des taux de déplacements et pas des déplacements. Considérons une plaque rectangulaire, de côté l_1 s'allongeant de dl_1, et de côté l_2 se contractant de dl_2 sous l'effet de la traction. Il existe un sillon oblique dont la longueur l ne varie pas, incliné de l'angle α par rapport au côté l_1. La figure 2, avec une vue agrandie du coin supérieur droit et les petits calculs, permet de retrouver l'angle d'inclinaison α.

Dans les éprouvettes tubulaires cylindriques de faible épaisseur, la striction localisée apparaît en forme d'hélice, et dès que le taux d'allongement atteint la valeur 2.n.

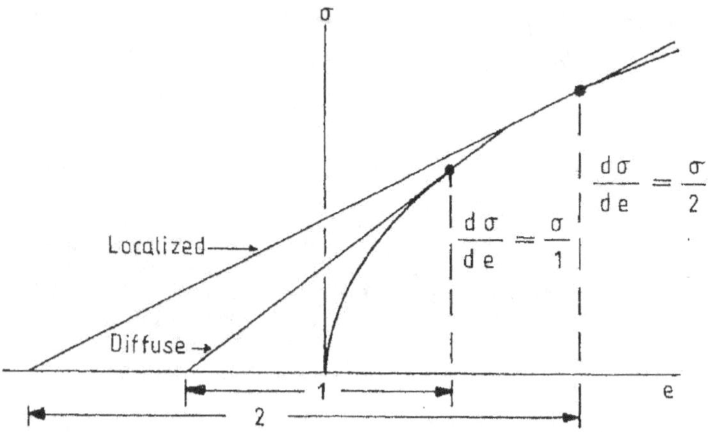

FIG. 3. Courbe rationnelle σ-ε (ε est ici noté e) avec l'apparition des 2 types de strictions : diffuse pour ε=n, et localisée pour ε=2n.

Pour une compréhension plus complète des strictions, en Annexe 1 sont présentés les cas d'une plaque isotrope puis non isotrope en traction biaxiale, le caractère instable des évolutions par striction, et les courbes limites de mise en forme (emboutissage, pliage) des plaques.

II. PASSAGE AUX MATIERES GENERALISEES

Habituellement, lorsqu'une évolution irréversible débute en une zone de la matière, elle se répand autour d'elle de manière continue, dans toutes les directions. Dans le cas présent, pour les formes en 2D de type plaque, lorsque l'évolution débute, elle ne se répand pas de manière isotrope, elle s'isole, elle se cantonne, un peu comme s'il n'y avait aucune entraide, aucune « solidarité » entre éléments attachés, comme si le voisinage ne participait pas à l'évolution.

Cette différence est due à la répartition en 3D des liaisons dans les cas habituels, et à la répartition en 2D des liaisons dans le cas qui est l'équivalent du milieu « plaque ». Il est difficile d'utiliser des critères géométriques pour définir le cas 2D car la géométrie euclidienne des matières physiques ne peut s'adapter avec rigueur aux matières généralisées. L'espace dans les matières généralisées est constitué de l'ensemble de toutes les positions possibles entre éléments Ai-Bi, et , dans l'équivalence avec une plaque, il y a des positions qui, par définition de ce milieu, n'existent pas. En effet, le nombre de voisins dans la direction normale aux directions de sollicitations extérieures est la seule caractéristique que l'on peut évoquer pour tenter de prendre en compte la réduction à 2D du milieu.

Dans le paragraphe précédent, les actions extérieures sur le milieu 2D sont des actions autoritaires de type traction $\Sigma_F > 0$ qui tendent à limiter les fluctuations de positions des éléments attachés. Il n'y a pas de variation de la répartition globale des éléments par rapport à la direction de la sollicitation, celle-ci peut alors être considérée comme direction de référence. Lors de la traction, toutes les zones, toutes les partitions imaginables du milieu doivent résister, et le caractère non massif, le caractère 2D interdit des soutiens venant des voisins qui n'existent pas dans la direction normale au milieu plaque. Chacune des partitions imaginables du milieu doit résister seule, et si elle ne résiste pas, les déformations dans ses liaisons vont croître. Ceci constitue la grande particularité des milieux 2D.
D'autre part, on remarque sur les figures 6, 7, 8, que pour qu'une striction localisée se produise, il faut que la composante de ε la plus intense soit positive, c'est-à-dire qu'au moins dans une direction, la déformation soit une élongation, sinon la plaque « flambe », elle forme des plis.

En résumé :

* Que faut-il retenir des phénomènes de concentration des déformations irréversibles dans les plaques ou leur équivalent généralisé ?

Au-delà des calculs et des lois d'écoulement et de Von Mises, c'est la définition de l'apparition d'une striction qui est importante. Elle traduit toujours une inflexion dans la croissance de, non pas l'action extérieure autoritaire (Σ_F), mais de la sollicitation vraie (σ) qui en résulte dans les attachements. D'autre part, les évolutions irréversibles localisées interviennent toujours après les évolutions réparties (et pour une évolution deux fois plus importante). La démarche des calculs qui aboutissent aux relations (6) et (14) peut en effet s'adapter aux milieux généralisés 2D.

* Qu'est ce qui est à l'origine de la différence des strictions en 2D et en 3D ?

* Comment trouver un équivalent de la forme plaque dans les matières généralisées ?

La réponse à ces deux questions peut s'entrevoir dans le nombre d'éléments voisins dans le milieu : en 3D, les éléments sont liés à leurs voisins de la même manière dans toutes les directions repérées par rapport à la direction de sollicitation ; par contre en 2D, à moyenne distance, le nombre de voisins et de liaisons n'est pas isotrope, il est plus faible dans la direction normale à la plaque. Le soutien, la tenue du milieu par le réseau des attachements est plus faible dans cette direction.

* La définition d'un domaine de type plaque dans les matières généralisées est délicate ; citons néanmoins quelques exemples qui font intervenir un manque, une absence de soutiens dans une direction précise.

Les individus supportant de fortes autorités professionnelles ont besoin d'un soutien qui peut provenir des amis et de la famille. Si celui-ci est inexistant, ils ne peuvent compter que sur le soutien de leurs collègues. Dans le cas des médecins qui accompagnent les malades en fin de vie, le secret professionnel leur interdit de partager les situations de détresse, de trouver un soutien auprès de leur entourage autre que professionnel. Les cas d'individus sans liens familiaux, sans liens sociaux et supportant des contraintes extérieures peuvent être sources de tels exemples.

* Comment généraliser l'allure rectiligne du sillon de la striction et son inclinaison si particulière (Fig. 2) ? Lorsqu'un début si minime soit-il, d'évolution irréversible se produit, parfois pour une raison aléatoire, il se traduit par une perte de résistance infime dans la direction où les attachements sont les moins nombreux, et le processus de striction est engagé, il ne peut que s'accroître. Dans la zone voisine, cet affaiblissement va se propager, et de proche en proche, quasiment instantanément cet affaiblissement infime se prolonge ; la zone affectée est donc continue, elle n'apparait pas en des zones isolées. La rectitude est due au fait que de proche en proche, les conditions du début de striction sont les mêmes par rapport à la direction de sollicitation. L'inclinaison ne peut se définir qu'avec la géométrie attachée aux plaques ; comme le montre la Fig. 2, la direction choisie par le sillon par rapport à la direction de traction, est celle qui lui permet de se créer et de se développer sans s'allonger, uniquement en se creusant et en s'élargissant ; il ne peut en effet s'allonger car il est bordé par deux zones qui restent rigides lorsque la striction se développe. Le rôle des zones adjacentes à la striction est de la cantonner dans son sillon. Cela ressemble à un manque de soutien, de solidarité entre le sillon et ses zones voisines.

Les exemples qui suivent sont imaginés à partir du schéma des zones résistantes juxtaposées ou disposées en série dans la direction de l'action extérieure autoritaire.

Par exemple, les Ai sont les éléments d'une armée au combat sur un front, attachés à défendre leur secteur contre l'avancée de l'ennemi. Chaque secteur doit être défendu indépendamment de ses secteurs voisins. Si un secteur cède et se fait envahir, l'ennemi s'y engouffre et les secteurs voisins sont combattus plus facilement, car l'ouverture d'une brèche suffit pour l'envahissement.

Un exemple similaire est celui de la défense des digues qui doivent contenir l'envahissement par les eaux du fleuve en crue. En cas de risque majeur, chaque kilomètre de digue est consolidé par des équipes qui lui sont attachées. Si une zone commence à faiblir, la submersion débute localement et le passage de l'eau accentue la détérioration ; il est clair que la suite dramatique ou non dépend de la compétition qui s'établit entre la poursuite de l'affaiblissement de la digue et la volonté farouche de l'équipe pour la consolider, sans le soutien des équipes voisines.

D'autres exemples viennent de la sous-traitance qui constitue une chaîne d'opérations coordonnées dans les entreprises de récolte et de la commercialisation de produits agricoles, ou d'autres sous-traitances dans la production et la commercialisation de produits manufacturés. Les éléments que sont les sous-traitants sont attachés à la qualité de leur intervention et à son coût. Les actions extérieures sur chaque sous-traitant viennent de la concurrence qui cherche à proposer au marché des coûts et des qualités plus intéressants. Si un sous-traitant de la chaîne devient moins performant, il ne peut compter que sur lui-même pour redresser la situation, les autres sous-traitants étant incompétents pour l'aider. S'il n'y parvient pas, il ne pourra plus vendre ses services, et sa situation va empirer, cette évolution irréversible va se concentrer sur lui, alors que les sous traitants voisins vont tenir leurs engagements.

On peut aussi évoquer l'exemple générique d'une catégorie professionnelle comme les enseignants attachés à la bonne conduite et aux résultats de leurs élèves. Il y a 40 ou 50 ans, toute la société, parents d'élèves, employeurs, etc. était aux côtés des enseignants, leur apportait un soutien dans leur mission, les défendant contre les petites contestations. Mais au fil des années, cette contestation s'est accrue de tous côtés, et le soutien général disparut peu à peu. De nos jours, les enseignants sont seuls pour résister à la sollicitation due aux difficultés du métier, et cette partie affaiblie du corps des fonctionnaires concentre certaines évolutions de notre société.

Critère de la concentration de l'évolution.
Considérons un ensemble d'éléments attachés ou plus exactement ici un ensemble de liaisons Ai-Bi, voisines. Ce voisinage peut s'imager par leur appartenance à un rectangle (Fig. 9). L'action autoritaire extérieure, notée Σ_F est parallèle au grand côté numéroté 1. Initialement, le nombre de liaisons suivant le petit côté n°2 est n_{20} et il est de n_{10} suivant l'autre côté. L'action Σ_F oriente les liaisons des éléments suivant sa direction, ce qui réduit le nombre de liaisons suivant la direction perpendiculaire. Ainsi n_{20} devient n_2 puis n'_2 puis n''_2, ces valeurs décroissant lorsque Σ_F augmente. Elles représentent le nombre de liaisons ou d'attachements qui participent à la tenue sous l'action extérieure Σ_F agissant sur la population des rectangles dont l'effectif ne varie pas ($n_{10}.n_{20} = n_1.n_2 = n'_1.n'_2 = \ldots$). Il existe une autre cause à la décroissance de ce nombre d'attachements, c'est la rupture

d'un certain nombre d'entre eux, car en déformation irréversible, il y a statistiquement toujours quelques ruptures.

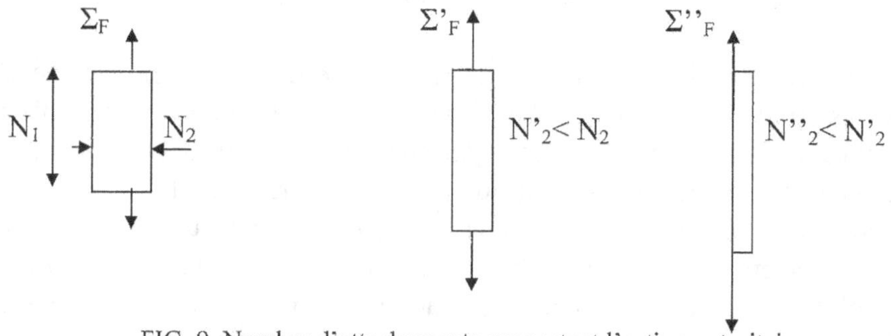

FIG. 9. Nombre d'attachements supportant l'action autoritaire.

En prenant en compte ces 2 causes de décroissance, on note N_2 , N'_2,. … le nombre d'attachements supportant Σ_F. Les écarts $N_2 - n_2$ et $n_2 - n_{20}$ sont négatifs et très faibles, ils sont une image de la déformation sous Σ_F.

La sollicitation moyenne sur chaque attachement est Σ_F/N_2. Plus le nombre N_2 diminue, plus chaque attachement est sollicité, et plus la probabilité de leur rupture augmente, c'est-à-dire que le nombre N_2 ne peut que diminuer lorsque Σ_F croît.

Il faut distinguer la sollicitation extérieure Σ_F et la résistance qu'opposent les N_2 attachements, même si ces 2 grandeurs sont en permanence égales. La sollicitation extérieure Σ_F croît indépendamment de N_2, et la résistance de chaque liaison, notée σ, doit croitre plus vite que Σ_F pour compenser la rupture d'un certain nombre de liaisons.

On considère maintenant que l'histoire du chargement est une succession d'incréments de chargements. On postule la loi de comportement « naturelle » selon laquelle la perte de dN_2 liaisons est compensée par un accroissement de résistance σ de chaque liaison restante, tel que $N_2.d\sigma$ représente la consolidation du milieu, et $\sigma.dN_2$ représente la perte de résistance du milieu avec $dN_2 < 0$ et $d\sigma > 0$.

A chaque stade de la sollicitation, la consolidation doit l'emporter sur la perte de résistance, pour éviter un affaiblissement local, c'est-à-dire pour éviter une concentration des évolutions irréversibles.

Cette condition de non concentration de la dégradation de la situation s'écrit :

$$N_2.d\sigma > -\sigma.dN_2$$

La quantification de ces grandeurs est, comme toujours, une difficulté dans les matières généralisées. Nous nous contenterons ici d'un exemple qualitatif en reprenant le cas des enseignants qui, dans certains cas, souffrent du manque de considération et du manque d'intérêt de la part des élèves. Les situations peuvent être très variées, enseignants en collège ou en bac + 2, dans telle ou telle discipline, dans telle région, etc… Considérons les enseignants de français dans un lycée professionnel réputé difficile. Ils sont attachés aux bons résultats de leurs élèves et au respect des règles et des personnes.
Le contexte choisi est difficile, et parmi les $n_1.n_2$ enseignants, N_2 sont les plus exposés car les plus isolés, les moins soutenus. Ils connaissent le désintérêt des élèves, les incivilités, les critiques de certains parents, sans recevoir le soutien de leur administration qui veut ignorer cette situation.
Par un sondage dont le but est de quantifier leur moral et leur envie de quitter leur poste ou leur métier, on parvient à estimer dN_2. Par un autre sondage, on peut essayer d'approcher l'état de leur motivation, de leur résistance à subir cette situation, c'est-à-dire σ, et la perte de motivation $d\sigma$ pendant l'intervalle de temps où dN_2 a été constaté. On comprend que si les déterminations de N_2 et de dN_2 sont assez faciles, ce n'est pas le cas pour σ et $d\sigma$, ne serait-ce qu'à cause de la difficulté à cerner une motivation et sa variation.

Bibliographie.

[1] R. Hill, Plasticity, Oxford at the Clarendon Press.
[2] W. Backofen, Deformaton precessing, Addison-Wesley publishing company.
[3] B. Dodd, Y. Bai, Ductile fracture and ductility, Academic press.

Annexe
Plasticité des milieux 2D plaques ou tôles minces.
Striction diffuse de Swift ou localisée de Hill.

Cette annexe est la suite des cas de concentration des évolutions dans les matières physiques présentés au paragraphe I, prenant en compte non plus une mais deux actions extérieures autoritaires. Ces développements peuvent paraître excessifs, mais ils permettent de suivre les idées exploitées dans l'enchainement des petits calculs, afin de mieux les généraliser. Les développements qui suivent nécessitent la connaissance de la théorie classique de la plasticité.
La numérotation des paragraphes est la suite de I.A et I.B.

I. C. On considère une plaque ou éprouvette plate en traction biaxiale σ_{11} suivant $\vec{x}_1$ et σ_{22} suivant $\vec{x}_2$. Son épaisseur initiale est e_0 suivant $\vec{x}_3$, sa largeur initiale est w_0 suivant $\vec{x}_2$.
L'étude concerne les cas d'apparition d'une striction localisée de direction $\vec{x}'_2$, inclinée d'un angle $\alpha = (\vec{x}_1, \vec{x}'_2)$, voir FIG. 4. En un point M situé dans le sillon de la striction localisée, le vecteur taux de déformation $\vec{E}(M, \vec{x}'_2)$ est donné par

$$d\vec{E}(M, \vec{x}'_{2.}) = \overline{\overline{d\varepsilon(M)}}.\vec{x}'_2 \quad \text{soit}$$

$$\begin{bmatrix} d\varepsilon_{11} & 0 \\ 0 & d\varepsilon_{22} \end{bmatrix}_{\vec{x}_1\vec{x}_2} . \begin{bmatrix} \cos\alpha \\ \sin\alpha \end{bmatrix} = \begin{bmatrix} d\varepsilon_{11}.\cos\alpha \\ d\varepsilon_{22}.\sin\alpha \end{bmatrix}_{\vec{x}_1\vec{x}_2} \qquad (16)$$

Puis le taux de déformation en M dans la direction $\vec{x}'_2$ défini par $d\vec{E}(M, \vec{x}'_{2.}).\vec{x}'_2$ et noté $d\varepsilon'_{22}$, est :

$$d\varepsilon'_{22} = d\varepsilon_{11}.\cos^2\alpha + d\varepsilon_{22}.\sin^2\alpha \qquad (17)$$

Ce taux $d\varepsilon'_{22}$ est nul car la bande de la striction localisée ne peut s'allonger à cause de ses deux zones adjacentes qui ne concentrent pas la déformation plastique.

$$0 = d\varepsilon_{11}.\cos^2\alpha + d\varepsilon_{22}.\sin^2\alpha$$

d'où
$$\frac{d\varepsilon_{11}}{d\varepsilon_{22}} = -\tan^2\alpha \qquad (18)$$

Ces taux de déformation s'obtiennent aussi avec la loi d'écoulement dans laquelle seul $\sigma_{33} = 0$ donc $\sigma_m = \dfrac{\sigma_{11} + \sigma_{22}}{3}$ (19)

$$d\varepsilon_{11} = (\sigma_{11} - \sigma_m).\frac{3}{2}.\frac{d\bar{\varepsilon}}{d\bar{\sigma}} = \left(\frac{2}{3}.\sigma_{11} - \frac{1}{3}.\sigma_{22}\right).\frac{3}{2}.\frac{d\bar{\varepsilon}}{d\bar{\sigma}} \quad (20)$$

$$d\varepsilon_{22} = (\sigma_{22} - \sigma_m).\frac{3}{2}.\frac{d\bar{\varepsilon}}{d\bar{\sigma}} = \left(\frac{2}{3}.\sigma_{22} - \frac{1}{3}.\sigma_{11}\right).\frac{3}{2}.\frac{d\bar{\varepsilon}}{d\bar{\sigma}} \quad (21)$$

Avec (18), (20) et (21), on en déduit

$$\tan^2 \alpha = -\frac{2.\sigma_{11} - \sigma_{22}}{2.\sigma_{22} - \sigma_{11}} \quad (22)$$

L'angle α n'est défini c'est-à-dire la striction localisée n'existe que si

$$\frac{\sigma_{22}}{\sigma_{11}} < 2 \quad \text{et} \quad \frac{\sigma_{22}}{\sigma_{11}} > \frac{1}{2} \quad \text{(23 a et b)}$$

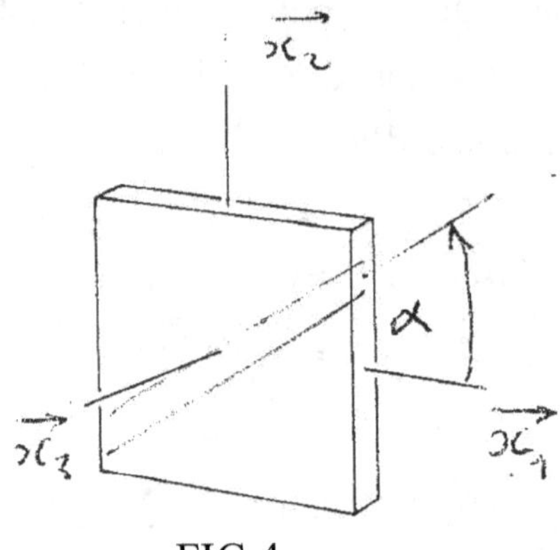

FIG.4

Sur la FIG.5 on a représenté l'ellipse de Von Mises (qui est la fonction de charge) en contraintes planes pour un matériau isotrope, avec des points remarquables. On y a superposé les vecteurs taux de déformation en illustrant la loi de normalité.

Cette figure contient beaucoup d'informations : elle décrit les déformations, par le vecteur normal $\delta\vec{\varepsilon}$, en fonction de l'état de sollicitation plane (cas des plaques), et elle indique la possibilité de striction ou non, grâce aux relations 23a et b.

Dans les matières généralisées, elle indique les évolutions en fonction des sollicitations, et la possibilité de concentration de ces évolutions.

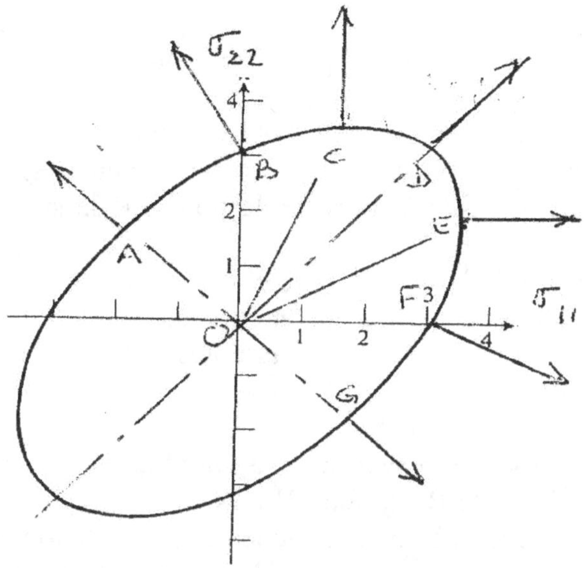

FIG.5 . Illustration de la loi de normalité pour un matériau isotrope. Les vecteurs normaux à l'ellipse de Von Mises en contraintes planes sont les taux de déformations $\delta\vec{\varepsilon}$ en ces points.

Avec la relation (22) :

- en D, $\sigma_{11} = \sigma_{22} \rightarrow \tan^2\alpha = -1, < 0$: striction impossible.
- en E, $\sigma_{11} = 2.\sigma_{22} \rightarrow \tan^2\alpha = 3.\sigma_{22}/0$ = infini $\rightarrow \alpha = 90°$, SL (striction localisée) parallèle à $\vec{x}_2$
- en C, $\sigma_{11} = \sigma_{22}/2 \rightarrow \tan^2\alpha = 0 \rightarrow \alpha = 0°$, SL parallèle à $\vec{x}_1$
- en B, $\sigma_{11} = 0 \rightarrow \tan^2\alpha = 1/2 \rightarrow \alpha = 35{,}26°$
- en F, $\sigma_{22} = 0 \rightarrow \tan^2\alpha = 2 \rightarrow \alpha = 54{,}73°$ (=90 -35,26)
- en A et G, $\sigma_{11} = -\sigma_{22} \rightarrow \tan^2\alpha = 1 \rightarrow \alpha = 45°$ et $-45°$

Les cas B et F correspondent à une traction uniaxiale, et on retrouve l'inclinaison très particulière de la SL déjà mentionnée au I.B, avec la relation (13').
Sur l'arc CDE de l'ellipse, la relation entre les contraintes σ_{11} et σ_{22} amène, avec (22), une valeur négative de $\tan^2\alpha$ ce qui signifie que α ne peut être défini, c'est-à-dire que la striction localisée ne se produit pas. Ceci peut se comprendre car dans cette zone les 2 contraintes sont positives et de valeurs voisines.
De plus, dans cette zone, les composantes du vecteur sont toutes deux

positives, et la striction localisée ne se produit que lorsque l'une de ces composantes est négative, celle de plus faible intensité.

Sur l'arc d'ellipse inférieur, arc extérieur à ABCG, limité par $\delta\varepsilon_2/ \delta\varepsilon_1 = -1$, il ne peut y avoir de SL car la composante négative du vecteur $\delta\varepsilon$ doit être d'intensité la plus faible pour que la striction se produise.
Pour les éprouvettes tubulaires de faible épaisseur, à extrémités fermées, une pression interne réalise une traction suivant l'axe et aussi une traction circonférentielle, ces 2 contraintes étant liées par le diamètre et l'épaisseur.

I.D. Plaque non isotrope soumise à une traction biaxiale.
La figure 6 issue du livre de Backofen [2] rassemble, avec davantage de cas de figures, les résultats sur l'existence et l'orientation des SL On voit que la plaque est non isotrope car l'ellipse de Von Mises est déformée. L'étonnante variété des inclinaisons possibles de la SL s'explique grâce à la loi de normalité.

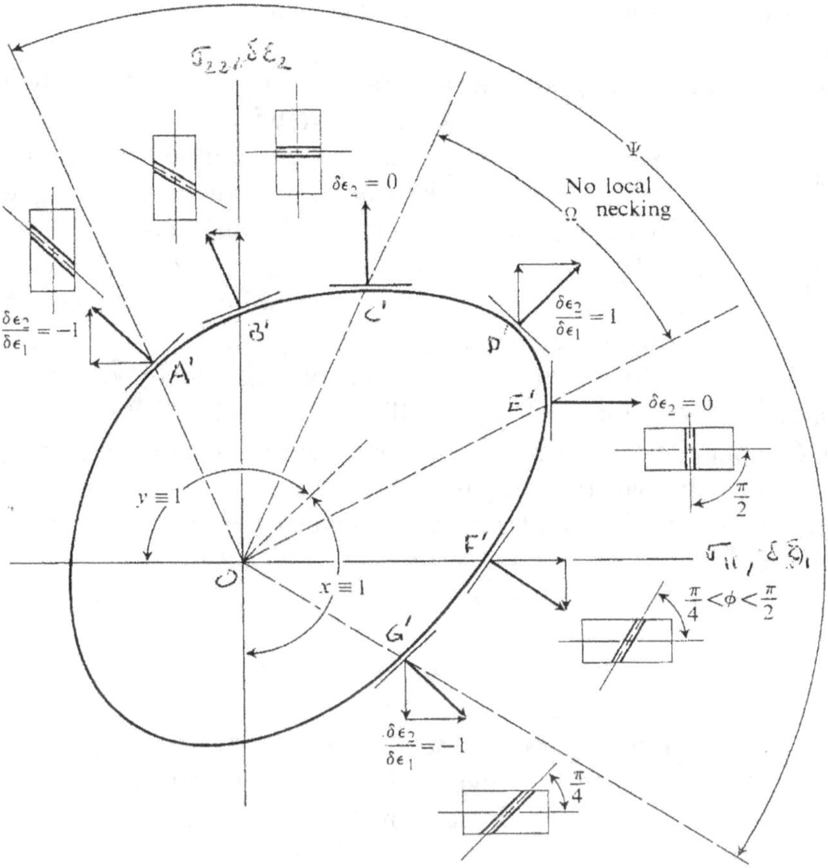

FIG. 6. Loi de normalité, contraintes biaxiales, déformations, strictions localisées, pour un matériau non isotrope [2].

En s'inspirant de ces résultats physiciens qui sont en bon accord avec la réalité, on comprend que dans les matières généralisées, le comportement non isotrope du milieu 2D, et la présence de deux actions extérieures autoritaires, puissent aboutir à des localisations des évolutions étonnamment variées. Les études de tels cas généralisés semblent difficiles, elles seraient un prolongement de cette étude et elles restent à faire.

I. E. Les strictions vues comme des cas d'instabilité de l'écoulement plastique.

Lorsque la déformation plastique apparaît en un point d'un milieu sollicité, la section résistante locale s'affaiblit, ce qui accroît l'intensité des contraintes en ce point. Pour qu'un affaiblissement dû à une déformation ne se propage pas dans une zone voisine, il faut que la contrainte d'écoulement plastique σ_0 en ce point augmente plus vite que l'affaiblissement géométrique résultant de la striction débutante. Pour illustrer cette notion, on peut citer les instabilités d'écoulement plastique lors du travail à chaud des métaux : quand le durcissement dû à la plastification l'emporte sur le ramolissement dû à la température, la section la plus sollicitée est consolidée et la déformation plastique a tendance à se répartir sur les sections voisines, elle ne se concentre pas, il n'y a pas de striction.

En revenant aux strictions en traction, l'absence de striction s'exprime par :

$S.d\sigma_0 > -\sigma_0.dS$ soit $d\sigma_0 / \sigma_0 > d\varepsilon$ ou $d\sigma_0 / d\varepsilon > \sigma_0$

On définit donc [3] le Taux de Consolidation Relatif :

$$TCR = 1 / \sigma_0 . (d\sigma_0 / d\varepsilon)$$

Plus le TCR sera grand, plus le gradient de déformation sera faible, plus la striction localisée sera évitée. Le TCR apparaît comme une mesure du degré de stabilité de la déformation plastique.

Par souci de mieux coller aux réalités, on définit aussi un coefficient d'écrouissage instantané $n^* = \dfrac{d \ln \sigma}{d \ln \varepsilon} = \varepsilon.TCR$ qui dépend du TCR et du degré de déformation atteint.

Mais ces tentatives ont du mal à prévoir correctement l'apparition des strictions en traction, car les hétérogénéités, même très faibles de l'épaisseur des plaques, les hétérogénéités micro (précipités, dislocations, joints de grains, etc.) montrent que les lois usuelles telles que Hollomon, Ludwick, Swift ...sont peu adaptées à la réalité.

I. F. Courbes limites de formage des tôles.

Qu'elles soient exprimées en fonction des contraintes ou des taux de déformation, elles tracent la limite entre un domaine qui évite la striction et un autre où elle se produit. Elles sont très utiles en emboutissage où la sollicitation est biaxiale, le critère de limite étant le plus souvent l'apparition de strictions localisées. Dans les matières généralisées, on pourrait les appeler conditions limites d'apparition des évolutions irréversibles imposées dans les milieux 2D.

Striction diffuse de Swift. (voir fig. 7). Dans ce cas, il y a 2 tractions perpendiculaires.
Définition : à la striction $dF_1/F_1 = 0$ et $dF_2/F_2 = 0$ simultanément.

Soit, $d\sigma_1/\sigma_1 = 0$ et $d\sigma_2/\sigma_2 = 0$ simultanément.
Equations de base :

Critère de plasticité de Von Mises en contraintes planes, σ_e étant le seuil de plasticité atteint: $\sigma_e{}^2 = \sigma_1{}^2 + \sigma_1{}^2 - \sigma_1.\sigma_2$ (ellipse)

Loi d'écoulement $\dfrac{d\varepsilon_1}{\sigma_1 - \sigma_m} = \dfrac{d\varepsilon_2}{\sigma_2 - \sigma_m} = \dfrac{d\varepsilon_3}{\sigma_3 - \sigma_m} = \dfrac{3}{2}.\dfrac{d\bar{\varepsilon}}{\bar{\sigma}}$

Elle se simplifie car $\sigma_3 = 0$ et $\sigma_m = \dfrac{\sigma_1 + \sigma_2}{3}$.

A titre d'exemple, on donne ci-dessous le détail des calculs de la courbe limite :
on introduit $\sigma_2/\sigma_1 = \alpha$, on différencie le critère de VM pour faire apparaître les variations de contraintes….

$$\frac{d\sigma_e}{\sigma_e} = \frac{4.\alpha^3 - 3.\alpha^2 - 3.\alpha + 4}{4.(1 - \alpha + \alpha^2)^{3/2}}.d\varepsilon_e$$

Avec la rhéologie d'Hollomon $\sigma_e = K.\varepsilon_e{}^n$, $\dfrac{d\sigma_e}{\sigma_e} = \dfrac{n}{\varepsilon_e}.d\varepsilon_e$,

on en déduit, à l'apparition de la striction diffuse :

$$\varepsilon_e{}^* = \frac{4.(1 - \alpha + \alpha^2)^{3/2}}{4.\alpha^3 - 3.\alpha^2 - 3.\alpha + 4}$$

D'après la loi d'écoulement en contraintes planes (CP) avec $\dfrac{\sigma_2}{\sigma_1} = \alpha$,

on extrait $d\varepsilon_1 = \dfrac{(2 - \alpha)d\varepsilon_e}{2(1 - \alpha + \alpha^2)^{1/2}}$

puis, la sommation jusqu'à la striction s'écrit

$$\int_0^{\varepsilon_1^*} d\varepsilon_1 = \frac{2-\alpha}{2(1-\alpha+\alpha^2)^{1/2}} \int_0^{\varepsilon_e^*} d\varepsilon_e$$ et donne la valeur de ε_1^* à la striction. Idem pour ε_2^* à partir de

$$d\varepsilon_2 = \frac{(2\alpha-1)d\varepsilon_e}{2(1-\alpha+\alpha^2)^{1/2}}$$

On aboutit à une définition paramétrique de la courbe limite de formage (CLF) en striction diffuse de Swift :

$$\varepsilon_2^* = \frac{2(2\alpha-1)(1-\alpha+\alpha^2)}{4\alpha^3-3\alpha^2-3\alpha+4}n \qquad \text{et}$$

$$\varepsilon_1^* = \frac{2(2-\alpha)(1-\alpha+\alpha^2)}{4\alpha^3-3\alpha^2-3\alpha+4}n \qquad \text{(voir fig. 7)}$$

Le critère de striction de Swift peut aussi s'exprimer en fonction des contraintes : pour cela, on reprend les expressions de σ_1 et σ_2 issues de le loi d'écoulement, en fonction de ε_1 et ε_2 auxquels on donne les expressions ci-dessus.

Striction localisée de Hill (voir Fig. 8)

Définition : $\frac{dF}{F} = 0$ d'où $\frac{d\sigma_1}{\sigma_1} + \frac{dl_2}{l_2} + \frac{de}{e} = 0$

soit avec $\frac{dl_2}{l_2} = 0$, $\frac{d\sigma_1}{\sigma_1} = -d\varepsilon_3$

et pour une traction d'axe ξ_2 $\frac{d\sigma_2}{\sigma_2} + \frac{dl_1}{l_1} + \frac{de}{e} = 0$

et avec $\frac{dl_1}{l_1} = 0$, $\frac{d\sigma_2}{\sigma_2} = -d\varepsilon_3$

et pour une traction biaxiale, l'apparition de la striction est définie par : $\frac{d\sigma_2}{\sigma_2} = \frac{d\sigma_1}{\sigma_1} = -d\varepsilon_3$

Equations de base : ce sont les mêmes que pour le critère de Swift.
La courbe limite des SL de Hill est un segment de droite. On remarque sur la figure qu'il faut que le ε le moins intense soit négatif.
Il existe aussi une expression de ce critère de Hill en fonction des contraintes : voir les figures 8.

La grande différence d'allure des courbes de Swift et de Hilll ne tient qu'à la différence de leurs définitions.
Les figures traduisant les différents critères Swift ou Hill, localisée ou diffuse sont données à titre indicatif, pour souligner la grande variété des limites à la striction.

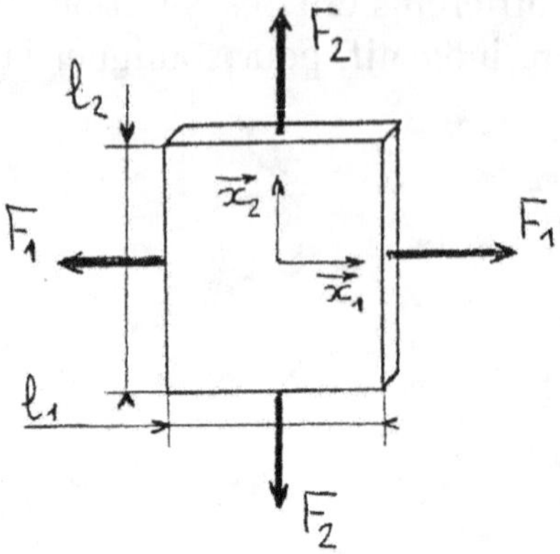

Elément de plaque. Définition des grandeurs intervenant dans les relations [20] à [22]

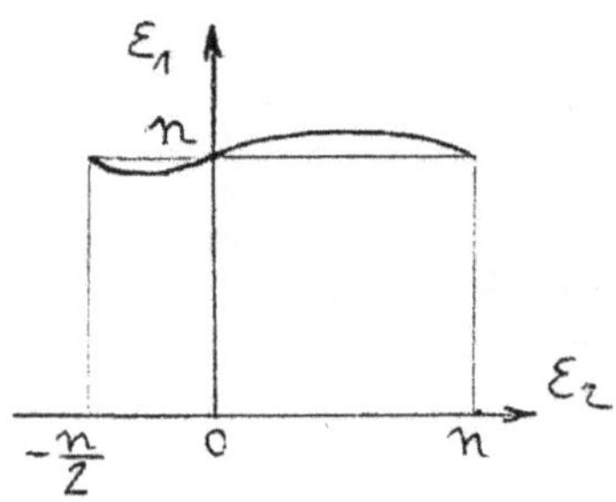

Critère de Swift en fonction des ε [35] [36]

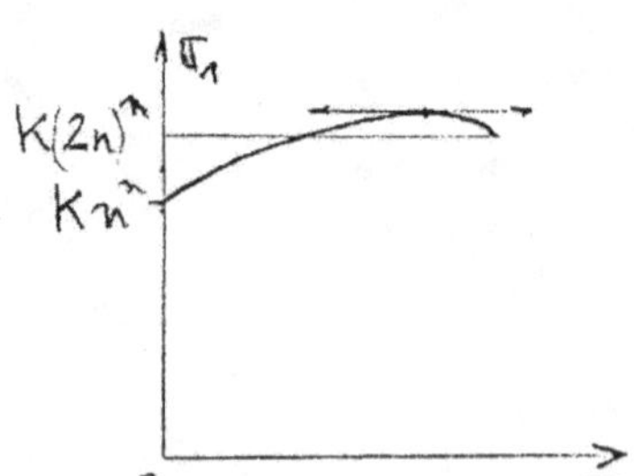

Critère de Swift en fonction des σ [41]

Figures 7.

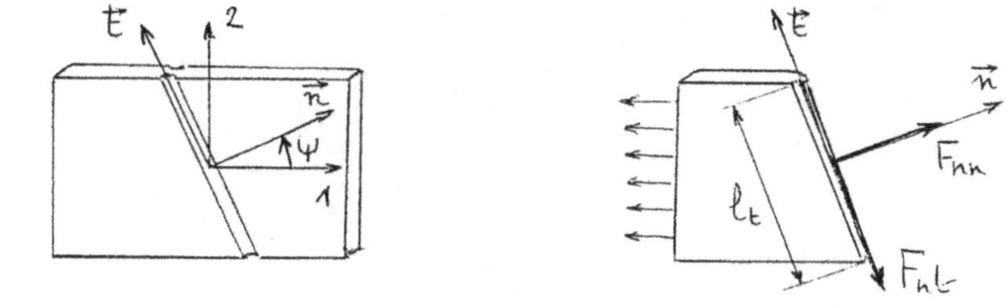

Notations et grandeurs intervenant dans la striction localisée de Hill.

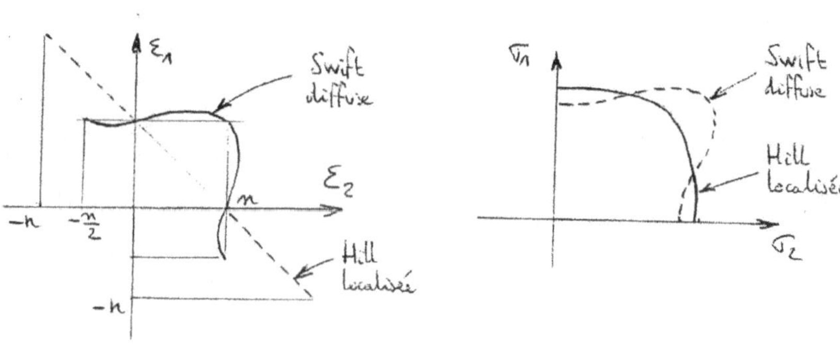

Critères de striction diffuse de Swift et de striction localisée de Hill
en fonction des ε et des σ

(rappel : il faut que l'un des 2 ε soit < 0 pour que la striction localisée existe)

Figures 8.

7. Cinétique des évolutions diffusives

L'existence d'un changement d'état ou de structure d'un milieu n'est pas la question abordée ici. On part du fait que de tels phénomènes existent, mais c'est la vitesse avec laquelle ils se produisent qui est au centre des préoccupations. La cinétique des évolutions est très importante dans leur observation et leur compréhension.
Des évolutions extrêmement rapides peuvent être imperceptibles, sauf ultérieurement lorsqu'elles ont pris place ; c'est le cas des irruptions volcaniques, des tremblements de terre, et dans d'autres domaines, de l'émergence de conflits armés, de l'émergence ou de la disparition de sociétés industrielles ou commerciales, etc.
A l'opposé, des évolutions infiniment lentes peuvent aussi être imperceptibles ; c'est le cas de la dégradation lente des monuments en pierre, de la raréfaction de l'eau, du réchauffement climatique, de la pollution des mers, commencés depuis au moins un siècle. Bien d'autres évolutions ne sont pas dans ces extrêmes, comme les mentalités, le vieillissement, avec des vitesses très variables suivant les régions ou les contextes sociaux.

I. CADRE DE L'ETUDE

• Dans les transformations envisagées ici, la théorie des attachements [1] s'applique aux deux populations d'éléments, composées majoritairement des Ai et des Bi, qui sont initialement de natures différentes ou de même nature, leur différence apparaissant dans le changement de structure qui va les affecter.

• On se limite ici à des transformations ou évolutions non imposées de manière autoritaire par l'extérieur à la population. Ces transformations des liaisons sociales se mettent en place sous l'effet d'une agitation du milieu qui faiblit ou qui s'accroit. Elles ont une cause interne au milieu, même si cette agitation, ces fluctuations sont incitées par contact à la frontière avec l'extérieur. Par exemple, les mouvements de grève en France dans la sidérurgie en 2013 sont initiés par la volonté et par l'adhésion de la population concernée, et d'un autre côté, les manifestations en France contre la guerre en Irak sont incitées par un mouvement mondial.

• Prédire la cinétique d'une évolution est de la plus grande importance, ne serait-ce que pour mieux y faire face ou pour l'accompagner, et cela passe par la mise à jour du ou des mécanismes de transformation.

On distingue souvent les évolutions diffusives et les évolutions displacives. Les premières nécessitent du temps pour se produire, et les secondes sont quasiment instantanées. Leurs mécanismes sont complètement différents (voir annexe 1 : transformations displacives). Seules les évolutions diffusives sont envisagées ici.

* Diffusion entre éléments A_i et B_i .

Les attachements initiaux sont A_i-X_i, A_i-A_i et B_j-Y_j, B_i-B_i répartis chacun dans deux domaines disjoints et adjacents A et B (fig. 5). Les attachements finaux, après transformations, peuvent être A_i-B_i, A_j-Y_j , B_i-X_i répandus en partie ou en totalité dans la réunion des deux domaines. Pour que des A_i viennent s'attacher à des B_i (et inversement), il faut qu'il existe des emplacements disponibles chez les B_j. Ils sont alors en insertion chez eux, ou s'ils occupent des emplacements vacants, ils sont en substitution aux B_j . En science des matériaux, on dit que la diffusion est le transport de matière dans la matière, comme la migration d'atomes de cuivre chez leurs voisins les atomes de zinc par simple mise en contact à leur surface, ou comme la diffusion du carbone dans le fer qui donne les aciers.

* Exemples de diffusion dans une société.

Cette transformation commence par une volonté de changement : changer de banque, changer d'emploi, changer de région, changer le contrat d'entretien de la chaudière, etc. Considérons le changement de fournisseur d'électricité ou de gaz : dans un premier domaine, il existe des contrats qui lient les Ai à GDF-Suez, et dans un autre domaine adjacent de la population, il existe des liens entre les B_i et Antargaz.

C'est l'information qui permet de comparer les contrats et qui incite ou non des A_i et des B_j à en changer. Dans cet exemple, il est évident que le grand nombre de contrats disponibles permet toujours ces changements.
Dans l'exemple changer de région pour bénéficier d'un meilleur cadre de vie, les migrants provenant de populations anglophones, les A_i, veulent s'installer au Royaume Uni parmi les B_j . Ces deux domaines sont adjacents par l'information qui circule entre eux. Si les A_i entreprennent ce changement pour trouver du travail et de meilleures conditions de vie, c'est parce que leurs liens initiaux avec ces dispositions sont absents, et parce qu'ils espèrent en établir chez les B_j

II ASPECTS ENERGETIQUES DE LA DIFFUSION

Les actions extérieures sur les couples en transformation doivent être uniquement incitatrices, non autoritaires. Il existe toujours des réticences à quitter son état initial avant de rentrer dans un autre milieu et, peut être, d'y trouver sa place. En termes d'énergie d'évolution, on dit qu'il y a une barrière énergétique à franchir pour quitter le domaine initial, puis il y a une énergie d'insertion ou de substitution pour s'installer dans la population d'accueil. La force motrice de tels changements est l'abaissement de l'énergie de Gibbs, synonyme d'augmentation d'une certaine satisfaction [1].

II.1. Degré d'agitation ou température T_a déclenchant la diffusion.

La notion de température, ou vitalité, [1] est rappelée en Annexe 1. Il faut que cette grandeur, qui traduit le degré d'agitation dans les liaisons des A_i avec les éléments associés, s'élève jusqu'à atteindre un certain seuil pour que ces attachements dans la phase initiale soient ébranlés par les fluctuations de leurs positions relatives, afin de préparer leur abandon. Ce seuil en température se note T_a , température d'abandon des attachements, analogue à la température de fusion pour le passage solide/liquide dans les matières physiques.
T_a est une caractéristique propre aux populations en présence. Le changement de phase s'effectue à une température unique T_a lorsque la totalité de la population est à ce degré d'agitation, ce qui nécessite une uniformité totale qui est favorisée par une évolution (accroissement ou abaissement) très lente en température.

Si cette condition n'est pas remplie, il est possible que la température de déclenchement du changement de phase soit décalée par rapport à T_a ; elle se produit alors avec retard, à une température inférieure ou supérieure à T_a.

II.2. Force motrice ou énergie de Gibbs.

Le passage de l'état initial I à l'état final évolué F est arbitré par l'énergie de Gibbs qui traduit la « satisfaction » du milieu dans cette évolution. Considérons le cas du passage d'un état désordonné I à un état ordonné F (comme le passage du liquide au solide).

La transformation s'effectue spontanément si la variation $\Delta G = G_F - G_I$ est négative, et la force motrice de cette évolution est proportionnelle à l'intensité de ΔG.

Il a été admis pour les matières généralisées [1], que $\Delta G = \Delta H - T.\Delta S$ et le sens de ΔH et de ΔS a été précisé. De plus, à la température T_a le degré d'agitation étant le même dans les deux domaines en présence, le degré de satisfaction est le même dans l'état I et dans l'état F, c'est-à-dire que $G_F = G_I$ et $\Delta G = 0$.

On a donc, à l'équilibre entre les deux phases:

$$(H - T_a.S)_I = (H - T_a.S)_F \quad (1)$$

d'où $S_F - S_I = (H_F - H_I) / T_a$ que l'on note $\Delta S = \Delta H/T_a$

Au voisinage de l'équilibre entre les deux domaines, on obtient donc une relation linéarisée qui est illustrée sur la figure 1 :

$$\Delta G = \Delta H\ (T_a - T) / T_a . \quad (2)$$

Le sens de l'évolution est donné par la condition $\Delta G < 0$. Sur cette figure on voit donc que si $T<T_a$, I est stable, et que si $T>T_a$ F est stable. T_a est donc une température seuil pour le passage de l'état initial I à l'état final F.

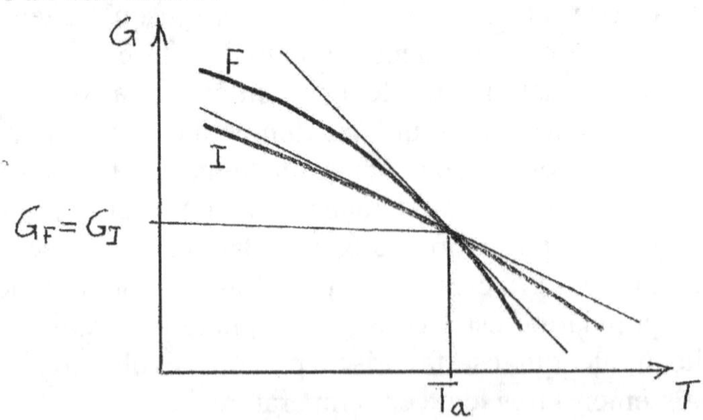

Fig.1.Allures de $G_{I(T)}$ et $G_{F(T)}$ et leurs linéarisations au voisinage de T_a.

II.3. Loi de distribution de l'énergie des individus.

On note E le niveau d'énergie intrinsèque des individus, qui rend compte de leurs fluctuations autour de leur position moyenne, position définie dans l'espace de leurs caractéristiques. Ces fluctuations peuvent être des agitations physiques, des mouvements, mais aussi des fluctuations mentales, des réflexions plus ou moins révélées.

Cette loi sera nécessaire pour définir le nombre de passages de I à F (relation (13)).

On note $p_{(E)}$ la probabilité de trouver des niveaux d'énergie supérieurs ou égaux à E dans la population des individus, et $p_{(E+dE)}$ la probabilité de trouver des niveaux d'énergie supérieurs ou égaux à E+dE.

Ces probabilités sont indépendantes du temps, et on considère que ce sont des fonctions monotones et continues par rapport à E.

On a $$p_{(E+dE)} = p_{(E)} + (dp_{(E)}/dE).\ dE \qquad (3)$$

La probabilité de trouver des niveaux d'énergie supérieurs ou égaux à (E+dE) est due à la conjonction de 2 probabilités :

$P_{1(E)}$: probabilité d'avoir des individus d'énergies supérieures ou égales à E,

<u>et</u> $P_{2(dE)}$: probabilité de trouver au moins des individus dans l'intervalle dE.

Cette seconde probabilité est proche de 1 car la distribution des énergies des individus est continue, et elle est proportionnelle à l'intervalle dE ; on peut donc l'écrire $P_{2(dE)} = 1 - \gamma.dE$ qui n'est valable que lorsque dE tend vers 0, et où γ est une constante.

La conjonction de ces deux probabilités se traduit par leur produit :

$$p_{(E+dE)} = P_{1(E)} . P_{2(dE)} = p_{(E)} . (1 - \gamma .dE) \qquad (4)$$

En rassemblant (3) et (4), il vient $$(dp_{(E)}/dE) = -\gamma . p_{(E)} \qquad (5)$$
puis $$p_{(E)} = \beta. \exp(-\gamma .E) \qquad (6)$$

Il est évident que la probabilité de trouver des individus dont l'énergie est supérieure ou égale à 0 est égale à 1, soit $p_{(0)} = 1$, d'où $\beta = 1$.

D'autre part, la somme des probabilités de trouver des énergies entre 0 et l'infini est aussi égale à 1, soit $\int_0^\infty \exp(-\gamma.E).dE = 1$

d'où on tire $\gamma = 1$.

La loi de distribution des énergies des individus de la population est donc : $$p_{(E)} = \exp(-E) \qquad (7)$$

Dans cette expression, E doit être une grandeur sans dimension, il faut la définir comme une fraction ou un multiple d'une énergie de référence.
Cette énergie E est fonction essentiellement de l'agitation des individus, c'est-à-dire de la température ; plus T est élevée, plus E est élevée. On peut admettre l'analogie avec la théorie cinétique des gaz et définir ainsi une énergie de référence $E_r = k.T$, où k n'est pas la constante de Boltzmann mais une constante à définir pour chaque étude de cas.
La loi de distribution de l'énergie des individus ou éléments a finalement la forme d'une loi de Maxwell dont l'allure est représentée figure 2 : $p_{(u)} = \exp(-u/k.T)$ (8)

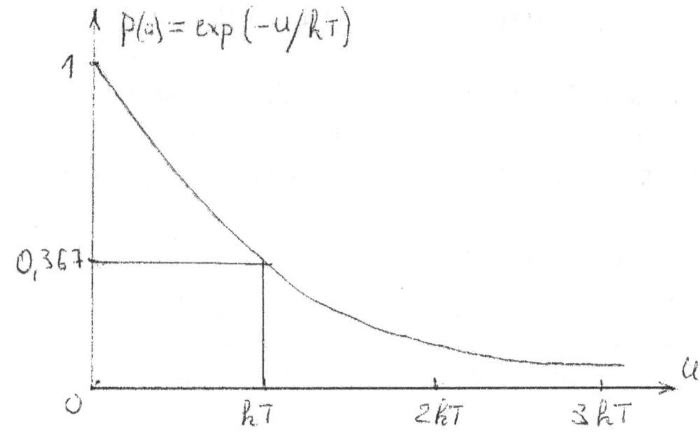

Fig. 2. Probabilité de trouver des individus d'énergie ≥ u.

Dans cette relation u est l'énergie intrinsèque d'un élément candidat à la diffusion.
On voit qu'à u fixé, si l'agitation T augmente, la probabilité $p_{(u)}$ augmente.

II.4. Barrière énergétique q à franchir pour quitter l'état initial.
A la température T_a, les deux domaines en présence sont en équilibre, c'est-à-dire qu'il n'y a pas de flux d'éléments majoritaires de I vers F et inversement, bien que quelques échanges puissent se faire. La vitalité des éléments à la frontière des deux domaines leur confère une énergie u qui doit être supérieure à un certain seuil qui correspond à la rupture des attachements avec la phase à quitter. Ce seuil est appelé barrière d'énergie, noté q sur les figure 3 et 4 à gauche.

La figure 3 de gauche montre la barrière d'énergie q à franchir pour que quelques éléments passent d'un domaine à l'autre lorsque $T = T_a$, donc $G_I = G_F$. Puis, la figure 3 du milieu, lorsque $T>T_a$ soit lorsque I→F, se construit à l'aide de la figure de droite : en augmentant la température, on a $G_I > G_F$, le graphique initial est abaissé et il est rendu dissymétrique ; la barrière énergétique pour le passage I→F est maintenant $q_1 < q$.

$T=T_a$, $G_I = G_F$ $\quad$ $T>T_a$, I→F F stable $\quad$ $\Delta G = G_F - G <0$

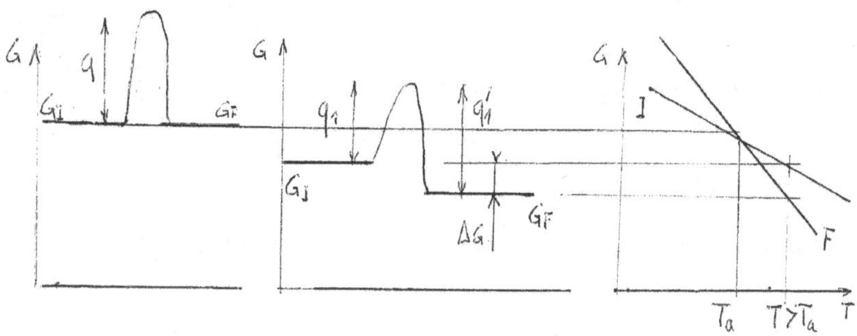

$q_1 < q \qquad q'_1 > q$

Fig 3. Barrières d'énergie q à l'équilibre et q_1 pour le passage I→F lorsque $T>T_a$.

On peut écrire les relations simples suivantes, avec l'hypothèse que l'abaissement de q à gauche est égal à l'augmentation à droite :

$$q'_1 = q_1 + \Delta G \qquad q_1 = q - \Delta q \qquad q'_1 = q + \Delta q \qquad (9)$$

La différence des deux dernières équations (9) donne $q'_1 - q_1 = 2.\Delta q$, et en comparant avec la première, il vient :

$$\Delta q = ½.\ \Delta G \qquad (10)$$

La barrière d'énergie dans le cas de la fig.3, $T>T_a$, I→F est :

$$q_1 = q - \Delta G/2\ . \qquad (11)$$

et la barrière d'énergie dans le cas de la fig.4, $T<T_a$, F→I est :

$$q'_2 = q - \Delta G/2 \qquad (12)$$

$T=T_a,\ G_I = G_F$ $\qquad$ $T<T_a\ ,\ F \rightarrow I$ I stable $\qquad$ $\Delta G = G_I - G_F < 0$

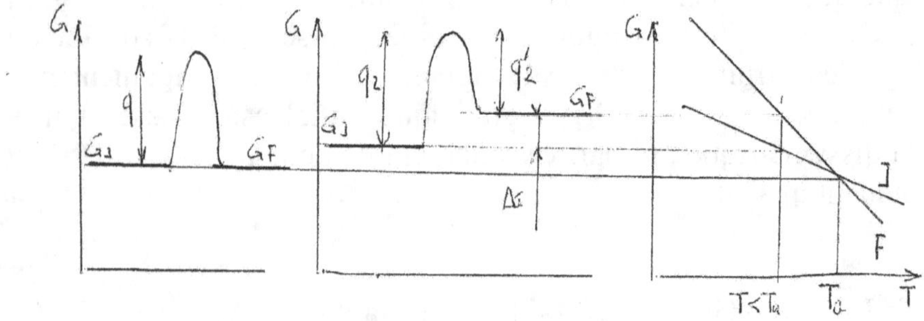

$q_2 > q \qquad q'_2 < q$

Fig 4. Barrières d'énergie q à l'équilibre et q'_2 pour le passage $F \rightarrow I$ lorsque $T<T_a$.

III. ECHANGES, MIGRATIONS A LA FRONTIERE

Les notations pour modéliser la diffusion à la frontière entre les deux domaines adjacents sont mises en place à la figure 5. Le domaine A est constitué d'éléments A_i attachés à des X_i, et les B_i attachés à des Y_i constituent le domaine B.

On note n_A et n_B les nombres d'élément des couches de part et d'autre de la frontière, n_1 le nombre d'éléments de la couche n_B qui passent de B vers A, et n_2 le nombre d'éléments de la couche n_A qui passent de A vers B.

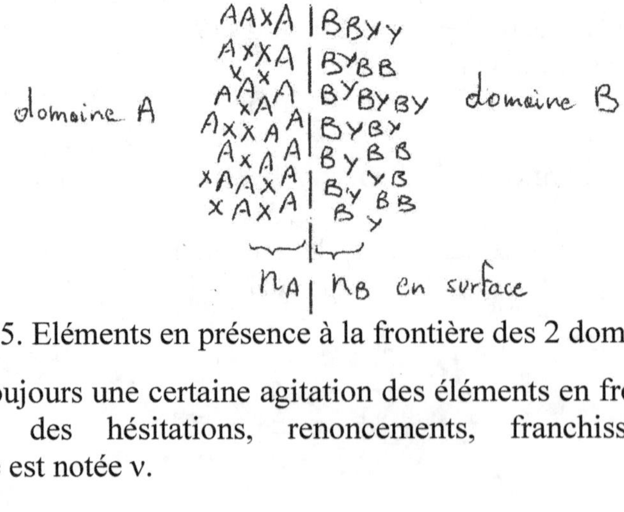

Fig. 5. Eléments en présence à la frontière des 2 domaines.

Il règne toujours une certaine agitation des éléments en frontière, et la fréquence des hésitations, renoncements, franchissements de l'interface est notée ν.

Par exemple, Mr X hésite toutes les semaines en passant devant le marchand de cycles pour envisager de changer sa voiture contre ce moyen de transport : dans ce cas $\nu = 1$ fois par semaine.

• A la température T_a d'abandon des attachements, on a, avec (8) :

$$n_1 = \alpha.\ \nu\ .n_B.\exp(-q/k.T_a) \qquad \text{et} \qquad n_2 = \alpha.\ \nu\ .n_B.\exp(-q/k.T_a) \qquad (13)$$

où α (<1) est la fraction de ces effectifs qui quittent effectivement leur milieu.

Il y a autant d'éléments qui passent de B vers A que de A vers B car les effectifs n_A et n_B des couches en vis-à-vis sont sensiblement égaux, et par conséquent, le flux traversant la frontière est globalement nul ; on est dans un équilibre avec petites fluctuations frontalières, qualifié d'« équilibre dynamique ».

• A $T<T_a$, un déséquilibre s'installe, avec de nouvelles barrières énergétiques, et on a :

$$n_1 = \alpha.\ \nu\ .n_B.\exp(-(q-\Delta G/2)/k.T)$$
$$\text{et} \qquad n_2 = \alpha.\ \nu\ .n_A.\exp(-(q+\Delta G/2)/k.T) \qquad (14)$$

Les flux de B vers A et de A vers B sont maintenant inégaux, et le flux résultant est

$$n_{résultant} = n_1 - n_2 \qquad (15)$$

En notant $n_A \approx n_B = n$,

$$n_{résultant} = \alpha.\ \nu\ .n.\exp(-q/k.T)\ .\ [\exp(\Delta G/2.k.T) - \exp(-\Delta G/2.k.T) \qquad (16)$$

Le terme entre crochets se simplifie car l'énergie de satisfaction ΔG est supposée plus faible que l'énergie due à la vitalité de l'individu 2.k.T (le contraire serait étonnant), et on peut utiliser un développement limité de la fonction exponentielle.

Il vient $\qquad n_{résultant} = \alpha.\ \nu\ .n.\ \exp(-q/k.T).\ \Delta G/k.T \qquad (17)$

En remarquant que la fréquence des tentatives pour quitter l'état initial est proportionnelle à la température T, on note $\beta = \alpha.\nu/(k.T)$ qui est une constante.

Rappelons que α est la fraction de la population à l'interface qui franchit effectivement la frontière, et que n est l'effectif de la population frontalière.

Enfin, avec $\Delta G = \Delta H\ (\ T_a - T)\ /\ T_a$ (éq.2) au voisinage de la température T_a d'abandon des liens, on aboutit à

$$n_{résultant} = \beta .n. \exp(-q/k.T). \Delta H.(T_a - T)/T_a \qquad (18)$$

Finalement, la cinétique de l'évolution est représentée par $n_{résultant}$ qui est le nombre, l'effectif des éléments frontaliers qui quittent leur domaine initial, par unité de temps, car ν est une fréquence en heures ou en années, suivant la rapidité du phénomène de diffusion.

IV. CINETIQUE DU CHANGEMENT D'ETAT

La cinétique de changement d'état, notée V comme vitesse sur la fig. 6, s'exprime donc par (18) en nombre d'éléments qui changent d'état, par unité de temps.

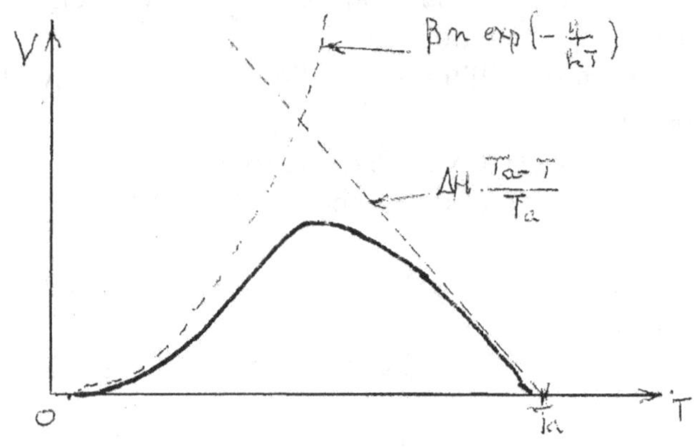

Fig. 6. Vitesse V de changement d'état vs température [2].

La fig. 6 montre que la vitesse V de changement d'état (en trait continu) est très dépendante de la température. Les courbes en pointillés qui encadrent la courbe V(T) permettent de comprendre, à partir de (18), les deux phénomènes entrant en jeu dans ce processus de diffusion:

* lorsque T→ 0, exp(-q/k.T) → 0 et (ΔH (T_a–T) / T_a) → ΔH ; le produit de ces deux termes montre que la courbe V(T) passe par l'origine.
* lorsque T s'accroit, exp(-q/k.T) < 1, et ΔH (T_a–T) / T_a < ΔH ; la courbe V(T) se situe sous la courbe en pointillés.
* lorsque T s'accroit encore (T → T_a), exp(-q/k.T) → 1, et (ΔH (T_a–T) / T_a) → 0.

La courbe $\Delta H\ (T_a – T)/T_a$ est une droite car on admet que l'enthalpie ΔH est indépendante de la température.

La vitesse de changement d'état, qui est nulle à T_a, croit en dessous de T_a grâce à la force motrice ΔG du changement qui croit comme (T_a–T). Mais quand l'agitation T devient trop faible, le terme exp(-q/k.T) joue un rôle important, il montre que l'énergie intrinsèque des éléments qui les aidait à franchir la frontière faiblit, et la vitesse de changement d'état faiblit. Les deux phénomènes, force motrice et énergie intrinsèque, sont indispensables pour que se réalise la diffusion, ils ont des poids variables, en fonction de la température, c'est-à-dire de la vitalité de la zone frontalière.

Importance de l'énergie latente de changement d'état.
Lors du passage des éléments du domaine A vers le domaine B, l'agitation chez les A_i est élevée car ils doivent avoir suffisamment d'énergie pour franchir la barrière q.
Cette agitation des frontaliers se communique aux B_i qui sont à une température plus basse, elle est une source de chaleur appelée chaleur latente de changement d'état (comme la chaleur latente de solidification). Elle tend à élever la température des B_i frontaliers, ce qui pourrait annuler l'écart de température qui fait la force motrice ΔG de la diffusion. Pour éviter cet arrêt du processus, il faut que la chaleur latente s'évacue dans le milieu le plus froid. De plus, si les éléments migrants sont d'une mobilité réduite, à cause de multiples attachements, enchevêtrements et réglementations, par exemple, la cinétique va s'en trouver retardée.

V. EXEMPLES

• Monsieur et Madame X sont à la retraite. Ils envisagent depuis longtemps de quitter la région parisienne pour s'installer en Provence. Ils sont prêts à abandonner leur logement où ils ont leurs habitudes depuis une vingtaine d''années. Pendant leurs vacances, ils ont eu l'occasion de connaître et d'apprécier le village de leurs rêves. Ils se disent qu'il ne faut pas tarder à réaliser ce changement car la motivation risque de s'estomper avec l'âge, leur capacité à se bouger et la satisfaction en vue sont maintenant optimales, c'est-à-dire que leur projet devrait se réaliser à vitesse maximale. La barrière d'énergie q est composée de l'abandon du cadre actuel, du voisinage, des habitudes, et aussi de la peine qu'il faut surmonter pour mettre en vente leur logement parisien et pour trouver leur nouvelle habitation. Leur installation, leur insertion seront ensuite d'autres énergies à fournir, mais qui seront sources de satisfactions plus immédiates.

• Mr D. a amassé tout au long de sa vie une grande quantité d'ouvrages d'art et d'objets hétéroclites ayant appartenu au monde du show-biz. Il y est très attaché mais il doit s'en séparer pour vendre sa maison et habiter en appartement. Après de longues hésitations, il est enfin décidé à organiser plusieurs ventes à l'hôtel des ventes de son département.
Son énergie intrinsèque est constituée de sa motivation, de sa volonté de mener cette action, énergie notée u_m , et de l'apport financier provenant des ventes dont l'équivalent énergétique est noté u_v . La somme de ces deux énergies $u = u_m + u_v$ lui permet d'atteindre la température d'abandon de ses souvenirs, et de dépasser la barrière d'énergie q. Son projet est aussi soutenu par la satisfaction ΔG de se débarrasser de l'encombrement de son bric à brac, et ainsi de pouvoir s'installer en ville. Dans les apports financiers qui interviennent dans son énergie intrinsèque, on peut aussi inclure le crédit provenant de la vente de sa maison, et le débit dû à l'achat d'un appartenant ; ces deux opérations doivent figurer dans son énergie intrinsèque qu'il doit évaluer avant de quitter sa situation initiale, pour que la transformation de celle-ci soit une réussite.
La cinétique de cette transformation peut apparaître très rapide car les achats et les ventes peuvent se réaliser dans de brefs délais, mais c'est dans le mental de Mr D. que résident les choix de son action, et cette évolution peut prendre des années.

Bibliographie

[1] Théorie des attachements. Sociologie et thermodynamique, Gérard Allan, Editions universitaires européennes.
[2] Matériaux, tome 2, M.F. Ashby, D.R.H. Jones, Dunod.

Annexe. Définitions de quelques termes.

Etat. L'état d'un ensemble d'éléments se définit par la valeur des variables d'état qui le caractérisent à un instant fixé. Les dérivées par rapport au temps de ces caractéristiques ne font pas partie de la description de l'état, mais il n'est pas interdit de comparer des états à des instants voisins lors d'une évolution. En physique, les variables d'état de la matière sont la température T, les contraintes ou la pression, les concentrations chimiques des éléments, la densité de défauts dans les phases solides, etc…
Les variables intensives, appelées aussi variables forces sont σ, s , A_k et les variables extensives associées ou variables flux sont ε, T, V_k.
Les lois d'état ou lois de comportement sont σ, s A_k, fonctions des variables flux. Le produit des variables forces et flux duales ou associées, met en jeu une énergie.

Structure.

La structure d'un milieu désigne l'arrangement général des attachements entre éléments, c'est une caractéristique géométrique dans l'espace des caractéristiques des attachements. En physique on parle de structure liquide ou solide à l'échelle macro, de structure cubique, hexagonale, etc, à l'échelle micro.

Température.

Dans les matières généralisées, les agitations, les fluctuations des positions relatives des éléments, sont un phénomène appelé température, par analogie avec la physique.
Du fait de l'augmentation du nombre de positions relatives, le nombre de configurations augmente, provoquant une augmentation de l'espace occupé, c'est-à-dire du volume. Très souvent, l'un au moins des éléments attachés est capable d'initiatives ; l'agitation dans le couple provient de la fréquence avec laquelle des idées de changement de postures apparaissent chez cet élément. La température réside dans les cerveaux, et elle se manifeste par des fluctuations de positions. Leur fréquence d'apparition dépend évidemment de la nature des éléments (calmes, anxieux ou nerveux) et aussi du contexte environnant (situation cruciale ou sereine).

Evolution displacive.

C'est une transformation qui s'effectue sans aucune migration d'éléments d'un domaine à un autre, elle affecte le comportement de chacun d'eux. On la qualifie aussi de transformation militaire car elle se déclenche de manière uniforme et quasiment instantanée (au coup de sifflet), lorsque certaines conditions de structure et de température sont réunies. Il peut s'agir d'opérations en bourse déclenchées à grande échelle, lorsque le cours des actions et la motivation pour en profiter sont réunis, et plus généralement, il s'agit de mouvements de panique, irréfléchis, déclenchés de manière presque aléatoire.

8. Diagrammes de cohabitations

Les diagrammes d'équilibre de toutes sortes de mélanges sont bien connus des chimistes et des métallurgistes. Ils sont d'utilisation courante pour les alliages ou mélanges ou systèmes binaires (or-platine, fer-carbone, eau-Pernod…) mais d'utilisation plus rare pour les systèmes ternaires (fer-chrome-carbone, etc.)

Les lois de la thermodynamique et les diagrammes d'équilibre de la chimie ont été adaptés à bien d'autres domaines comme la sociologie [1] (cohabitations en fonction des religions, des origines géographiques, des âges, des sexes, etc.), et la génétique (cohabitations entre cellules) [2], [3].

Dans une population constituée d'individus A et B amenés à se côtoyer, des phénomènes d'attraction (de sympathie) ou de répulsion (d'antipathie) peuvent se produire de manière plus ou moins prononcée en fonction de la fraction de ces populations et aussi de la température. La température T est un indicateur de l'agitation c'est-à-dire des modifications des positions entre éléments, les positions étant définies par les caractéristiques des éléments. L'enthalpie H est l'énergie à mettre en jeu pour juxtaposer des éléments comme AA, BB ou AB, qu'ils soient des atomes ou des individus.

Il ne s'agit pas ici d'envisager des attachements entre ces éléments, il s'agit de modéliser leur cohabitation, afin de prévoir les ségrégations ou les intégrations.

La cohabitation est faite de rencontres multiples, au hasard, sans que des habitudes favorisent des affinités ou des évitements ou des hostilités. Ces rencontres peuvent être éphémères ou durables, ce n'est pas leur durée qui importe mais leur nombre.

I. SYSTEME BINAIRE

Un système binaire est un mélange de deux populations distinctes. Un diagramme binaire comporte la température T du mélange en ordonnées et sa composition x% en abscisses. Il montre dans cet espace les lignes qui délimitent différents domaines correspondant à différentes phases de l'alliage ou du mélange. Une phase est une partie homogène d'un milieu, qui présente une structure, un arrangement des atomes, une composition homogènes à une température donnée (voir Annexe, Fig. A. 3)
Ces diagrammes sont dits d'équilibre car ils ont été établis et ils doivent être utilisés dans des conditions d'équilibre thermodynamique, c'est-à-dire dans des évolutions de la température très lentes et en l'absence de réactions chimiques. Un diagramme binaire renseigne sur l'existence de phases en fonction de la température et de la concentration d'un des deux constituants, et dans les configurations où il y a équilibre entre plusieurs phases en présence, sur la miscibilité totale ou partielle, ou sur les lacunes de miscibilité entre constituants, termes auxquels correspondent les notions d'intégration ou de ségrégation en études sociologiques, par exemple.

On considère une population composée de N_A éléments A et N_B éléments B, avec $N_A + N_B = N_t$, invariant (N_t n'est pas le nombre d'Avogadro), en concentrations

$$n_A = N_A / N_t \qquad \text{et} \qquad n_B = N_B / N_t = 1 - n_A .$$

Les A (idem pour les B) ne sont pas interchangeables, chacun a sa « personnalité », même si leur comportement est considéré uniforme.
Chacun de ces éléments de l'ensemble A (ou B) est amené à rencontrer à de multiples occasions, un élément de l'ensemble A (ou B) et aussi un élément de l'ensemble B (ou A), les types de rencontres peuvent se noter AA, AB, BB. Chaque rencontre se décrit ici par une énergie mise en jeu, négative ou positive suivant qu'il y a répulsion ou attirance, comme en chimie.

Exemples.

- Deux célèbres constructeurs aéronautiques ont fusionné et les ingénieurs A de l'un travaillent avec les ingénieurs B de l'autre, mais l'entente n'est pas bonne et il règne un état d'esprit dominant-dominé entre A et B mais aussi entre A et A et entre B et B. A chaque rencontre qu'impose le travail collectif, l'un des deux prend l'avantage, il bombe le torse ou il reçoit une prime, tandis que l'autre s'en retourne la tête basse…

- Dans [3], la population est composée de faucons (les A) et de colombes (les B) qui sont en compétition pour la nourriture (vers de terre, insectes…) et chacune de leurs rencontres se termine par un vainqueur qui a avalé la proie, et un vaincu qui s'est fait démolir dans la bagarre surtout si la rencontre a lieu entre deux faucons.
- On peut évoquer les exemples bien connus de catholiques et de protestants (ou autres) cohabitant dans le même quartier, à une époque où les rivalités entre ces religions étaient vives, et où chaque rencontre était prétexte à querelle, chacun se vantant d'être meilleur que l'autre et où tout était ressenti comme une valorisation ou au contraire une atteinte à sa personne.
- On peut enfin mentionner le problème de cohabitation entre noirs et blancs aux USA, entre supporters d'équipes de foot rivales, entre partis politiques très opposés, entre fumeurs et non fumeurs, etc.

La question essentielle qui se pose est celle du bon dosage du « mélange » qui peut permettre une cohabitation tolérée ou au contraire une ségrégation.

La thermo-sociologie s'est développée relativement récemment pour apporter, sinon des solutions, du moins un nouvel éclairage sur ces questions.

II. RELATION THERMODYNAMIQUE

Le but de cet article est d'adapter la méthode d'établissement des diagrammes d'équilibre de la chimie à l'établissement des diagrammes de cohabitation équilibrée à des populations variées d'éléments A et B.

La grandeur thermodynamique qui rend compte de manière universelle de l'équilibre d'un mélange quel qu'il soit, est l'énergie de Gibbs ou enthalpie libre notée G, qui tend à s'abaisser lorsque le milieu tend vers l'équilibre, c'est-à-dire vers en état plus stable. On dit aussi, de manière subjective, que lorsque G est minimale, la satisfaction du milieu est maximale.

Les notations qui suivent sont celles de la thermodynamique : T est la température et H l'enthalpie, S l'entropie, dont seules les variations ΔH et ΔS importent. La signification généralisée de ces grandeurs physiques est largement présentée dans [6].
La relation thermodynamique de base est ici la suivante :

$$G = H - T.S \qquad \text{ou} \qquad \Delta G = \Delta H - T.\Delta S \qquad (1)$$

avec $\Delta S = k_B.\ln w$ où k_B est la constante de Boltzmann ($1,38.10^{-23}$ J.°K^{-1}), et où w est le nombre de configurations possibles. Les variations sont définies par rapport à un état de référence, à température fixée par convention.

Par la suite on adopte une autre constante $k \neq k_B$ dont la valeur doit être redéfinie pour chaque cas d'étude. Pour des raisons qui apparaîtront plus loin (relation (15)), et pour garder l'homogénéité dimensionnelle des grandeurs dans (1), on remplace k_B par $\lambda.k$. L'unité de k est le °K^{-1} et l'unité de λ est le J.
On peut vérifier l'homogénéité des grandeurs dans la nouvelle forme de (1) :

$$\Delta G / k = \Delta H / k - \lambda.T.\ln w \qquad (2)$$

Le nombre de configurations possibles, w, c'est-à-dire le nombre de paires AA, AB, BB, c'est-à-dire le nombre de combinaisons de ($N_A + N_B$) éléments pris par paquets de N_A se calcule ainsi :

$$w = C_{N_A+N_B}^{N_A} = \frac{(N_A + N_B)!}{N_A! N_B!} \qquad (3)$$

Par exemple, si $N_A = 20$ et $N_B = 30$ (valeurs faibles), $w = 0,5.10^{14}$.

II.1. Expression générale de ΔG

En utilisant l'approximation de Stirling pour x grand : $\ln x! = x.\ln x - x$, on obtient

$$\Delta S = -\lambda.k.N_t.(n_A.\ln n_A + n_B.\ln n_B) \qquad (4)$$

puis

$$\frac{\Delta G}{k.N_t} = \frac{\Delta H}{k.N_t} + \lambda.T.(n_A.\ln n_A + n_B.\ln n_B) \qquad (5)$$

Unités : G et H sont en J pour l'ensemble des N_t éléments, $\Delta G/(k.N_t)$ est en J.°K/élément.

Cette expression de ΔG est indépendante des différents modèles qui seront retenus pour ΔH .

II.2. Expressions de ΔH .

La variation d'enthalpie ΔH est l'énergie à mettre en jeu pour juxtaposer, pour faire cohabiter les éléments de la population. On peut s'inspirer du modèle de Bragg et Williams de la chimie où ΔH s'exprime à l'aide des facteurs d'interactions h^{AA}, h^{BB}, h^{AB} qui sont positifs s'il y a attraction ou négatifs s'il y a répulsion.

ΔH peut aussi s'exprimer avec les fractions molaires x_A et x_B des constituants dans son expression molaire :

$$\Delta H^{mol} / k = \Omega . x_A . x_B / (x_A + x_B)$$

où Ω est une énergie d'interaction entre les A et les B, proportionnelle à $(h^{AA} + h^{BB} - 2.h^{AB})$, positive lorsque les rencontres AA et BB sont favorisées, c'est-à-dire lorsque le système va vers la démixtion, négative dans le cas contraire (majorité de AB, mixtion favorisée).

L'originalité de la méthode développée ici, empruntée à [2] et [3] réside dans l'expression phénoménologique de ces facteurs d'interactions h^{AA}, h^{BB}, h^{AB}.

III. METHODE DE CONSTRUCTION DES DIAGRAMMES D'EQUILIBRE BINAIRES

A partir de l'expression unique de ΔS (4) et de différentes expressions de ΔH adaptées au comportement du milieu (relations ci-après), on en déduit la variation de l'énergie de Gibbs ΔG (5) qui est à la base de la construction des diagrammes d'équilibre binaires. A chaque température on recherche le ou les minimums de ΔG_2 ou de ΔG_1 et ΔG_2 suivant que le milieu présente un ou deux (indices 1 ou 2) modèles de comportements.

L'annexe présente, à l'aide des figures A.2 et A.4, la méthode de construction de ces diagrammes. Les différents types de tels diagrammes, eutectiques, péritectiques, monotectiques, ainsi que les règles de l'horizontale et des segments inverses qui permettent de connaître la composition des phases en présence et leurs proportions, sont largement exposés dans les ouvrages de chimie ou de métallurgie [4], [5], mais sont ici d'un intérêt secondaire.

III. 1. Exemple 1. Population à comportement unique.

Le modèle de comportement du milieu décrit mathématiquement comment s'établit globalement la variation d'enthalpie ou, plus localement, comment se définissent, avec les coefficients h^{ij}, les relations d'amitié ou d'inimitié entre les individus.

1er modèle : seuls les N_B éléments B sont porteurs d'énergie. C'est le cas où les B sont les « chefs » (cadres supérieurs, gros-bras, dominateurs) et les A sont les sans grades. Cette énergie par élément, notée Δ, mise en jeu lors d'une rencontre, est uniforme et on considère qu'elle dépend linéairement de la température :

$$\Delta = \lambda.k.T \qquad \text{avec } \Delta \text{ en J/élément}$$

Pour l'ensemble des éléments : $\Delta H/\lambda.k = N_B.\Delta$, positive.

Soit, en fonction de n_A :

$$\Delta H/\lambda.k = N_t.(1 - N_A/N_t).\Delta = N_t.(1 - n_A).\Delta \qquad (6)$$

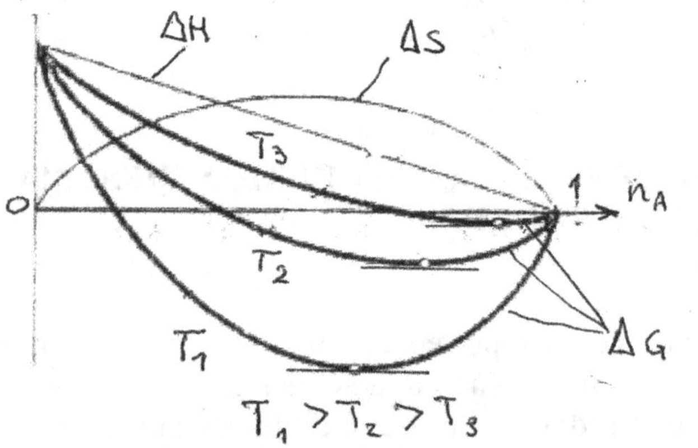

Fig. 1. Allures de $\Delta H, \Delta S$ et ΔG pour différentes valeurs de la température.

La variation d'enthalpie ΔH décroit linéairement de $(N_t.\Delta)$ à 0. Le rôle des éléments B semble inexistant dans l'énergie mise en jeu lors des rencontres, mais il est bien présent car $n_B = 1 - n_A$.

La figure 1 représente l'allure des graphes de ΔS, ΔH, ΔG en fonction de n_A, pour différentes valeurs de Δ c'est-à-dire de T.

Les minimums de ΔG correspondent à des concentrations optimales x_A des mélanges en équilibre, c'est-à-dire les plus satisfaisants pour la population A-B. Pour des concentrations non optimales, le mélange est dans un équilibre moins satisfaisant, moins stable. Ces mélanges ne sont constitués que d'une seule phase, quelle que soit la concentration x_A.
Toujours sur la Fig. 1, on remarque que, en fait, les B ne sont pas inexistants, plus la température augmente, plus l'état d'équilibre leur accorde une concentration importante. L'état d'équilibre est favorable à la diversité A-B, même lorsque les B n'ont aucun rôle dans la construction équilibrée des cohabitations. On remarque aussi que lorsque la température augmente, l'agitation permet aux éléments de changer plus facilement de positions pour en trouver de plus satisfaisantes, donc G diminue, l'état devient plus stable.

2ème modèle : les A et les B ont chacun leurs caractères propres, et leurs rôles dans la construction de la cohabitation (dans ΔH) sont identiques, il n'y a pas de hiérarchie entre eux :

$$\Delta H/\lambda.k = N_t.n_A.n_B.\Delta = N_t.(N_A/N_t).(N_B/N_t).\Delta \qquad (7)$$

soit $$\Delta H/\lambda.k = \left(N_A.N_B/(N_A + N_B)\right).\Delta \qquad (7')$$

soit encore $$\Delta H/\lambda.k = N_t.n_A.(1 - n_A).\Delta \qquad (7'')$$

Les figures 2(a) et 2(b) représentent les allures des graphes de ΔS, ΔH, ΔG en fonction de n_A, pour différentes valeurs de Δ, c'est-à-dire de T.
Suivant les valeurs de T, la courbe ΔG, symétrique par rapport à n_A =1/2, présente une forme ondulée ou pas. A T_2 par exemple, la courbe, présente deux minimums.

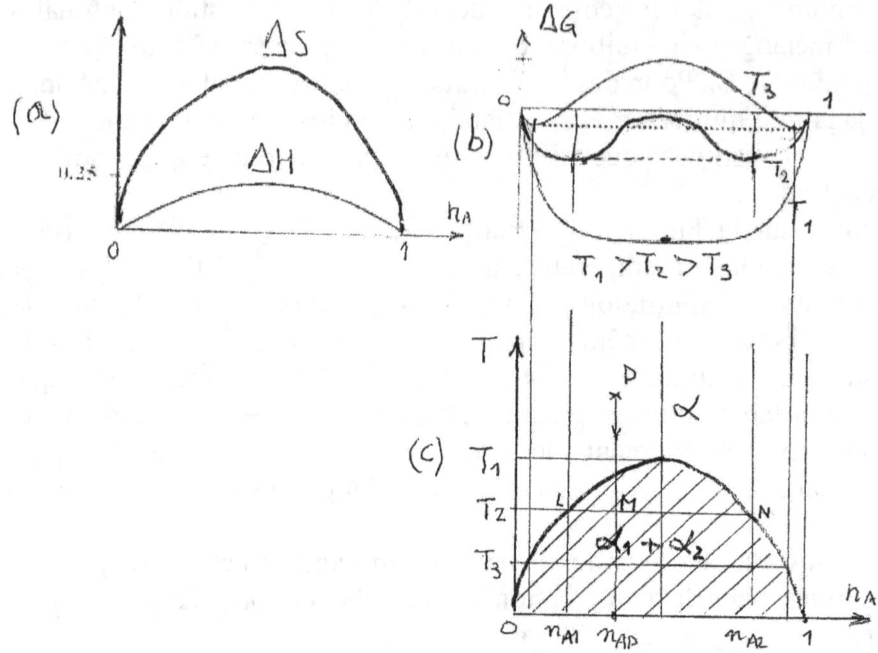

Fig. 2. (a) : allures de $\Delta H, \Delta S$. (b) : allures de ΔG pour différentes valeurs de T. (c) construction du diagramme des phases.

La tangente (en pointillé) en ces points d'abscisses n_{A1} et n_{A2} montre que ΔG peut s'abaisser de la courbe en trait continu jusqu'à la droite en pointillés, ce qui signifie que le mélange va adopter cette configuration où deux phases notées α_1 et α_2 vont coexister afin d'abaisser ΔG.

Pour un mélange de composition n_{AP}, à une température représentée par le point P (Fig.2.c), où n'existe qu'une seule phase α, deux phases vont apparaître à l'entrée dans la zone hachurée lorsque la température va s'abaisser. A T_3 on peut avoir, suivant la concentration n_A, une phase α_1 pauvre en A de concentration inférieure à n_{A1}, deux phases α_1 et α_2 de concentration n_{A1} et n_{A2}, ou une phase α_2 riche en A de concentration supérieure à n_{A2}. Lorsque la température s'abaisse à partir de P, on passe d'une mixtion à une démixtion. La zone hachurée est appelée lacune de miscibilité en chimie, autrement dit c'est une zone de ségrégation. Les phases, c'est-à-dire les arrangements entre éléments, qui sont la conséquence des comportements entre eux, sont distinctes dans cette zone.

III. 2. Exemple 2. Population présentant deux comportements possibles.

ΔH représente la somme des énergies d'interactions locales lors de rencontres AA, AB, BA et BB. Chaque comportement de ces paires d'éléments est supposé uniforme, et peut amener une ou deux phases suivant le nombre de minimums de ΔG. Le fait qu'un mélange donné puisse présenter plusieurs comportements est tout à fait réaliste : en fonction de l'agitation des positions adoptées par les éléments, et en fonction de l'opportunité à augmenter la satisfaction, c'est-à-dire à abaisser ΔG, une partie de la population peut changer de comportement.

Exemples :

La rumeur des licenciements dans une entreprise fait s'agiter les positions relatives entre employés (fait augmenter la température), ce qui peut amener des comportements d'entraides ou de clivages accrus.

Un gestionnaire jusque là bon père de famille, décide de délocaliser une partie de son entreprise, ce qui fait ressortir deux comportements opposés : le combat pour rester ou la volonté de partir.

Dans un groupe où les relations sont mauvaises, deux comportements apparaissent naturellement : se refermer sur soi-même, s'isoler, ou essayer malgré tout de développer des contacts agréables.

COMPORTEMENT 1.

Les interactions entre les éléments sont décrites par les énergies mises en jeu lors des rencontres, définies ici par un coefficient d'interaction h_1^{ij} propre à chaque type de rencontre, multiplié par une énergie par rencontre, λ. Les coefficients h_1^{ij} sont homogènes à $k.T$, ils sont donc sans dimension, et λ est en J.

Les signes des h_1^{ij} (l'indice 1 est relatif au comportement 1) traduisent une attirance, une amitié, une bonne entente ($h_1^{ij} > 0$) ou au contraire une répulsion, une inimitié, une mauvaise entente ($h_1^{ij} < 0$).

Relations (8a) à (8d) : coefficients d'énergie reçue ou cédée…

- par A lorsqu'il rencontre A : $h_1^{AA} = 0{,}5.k.T$ cas de la bonne entente
- par A lorsqu'il rencontre B : $h_1^{AB} = -k.T$ cas de la très mauvaise entente
- par B lorsqu'il rencontre A : $h_1^{BA} = 0$ cas neutre
- par B lorsqu'il rencontre B : $h_1^{BB} = -0{,}3.k.T$ entente légèrement mauvaise

Ces choix sont arbitraires, ils sont inspirés par des analyses des différentes rencontres dans lesquelles les comportements AA, AB, BA et BB sont considérés uniformes, ou par des sondages d'opinion. On considère que h_1^{AB} où A est l'initiateur de la rencontre est différent de h_1^{BA} où B est l'initiateur.

L'énergie mise en jeu lors d'une rencontre entre un A et n'importe quel autre élément, est : (idem pour B)

$$h_1^{A} = n_A.h_1^{AA} + (1 - n_A).h_1^{AB}$$

$$h_1^{B} = n_A.h_1^{BA} + (1 - n_A).h_1^{BB} \qquad (9)$$

L'énergie mise en jeu par élément A ou B lors d'une rencontre quelconque, est une combinaison linéaire de ces énergies, pondérées par les fractions des éléments :

$$h_1 = n_A.h_1^{A} + (1 - n_A).h_1^{B} \qquad (10)$$

Soit avec (8) $$h_1 = k.T.(1{,}2.n_A^{\ 2} - 0{,}4.n_A - 0{,}3) \qquad (11)$$

La variation d'enthalpie étant additive, on peut donc écrire

$$\Delta H_1 = N_t.\lambda.h_1 \qquad (12)$$

puis $$\Delta H_1/(k.N_t) = \lambda.h_1/k \qquad (13)$$

Le comportement du milieu A-B étant uniforme, il ne peut y avoir qu'une courbe ΔH_1 donc une courbe ΔG_1 (avec (5)), et cette dernière ne présentant qu'un minimum, il ne peut y avoir qu'une seule phase.

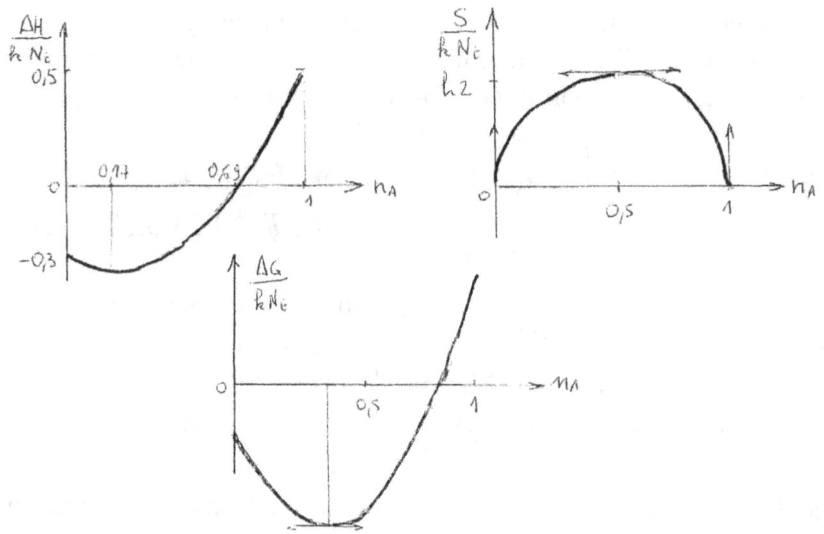

Fig. 3. Construction de la courbe Δ G1
à une certaine température fixée.

COMPORTEMENT 2.

Les comportements entre les paires lors de rencontres sont toujours uniformes mais ils sont différents de ceux du comportement 1, ils dépendent maintenant de la température de manière non linéaire. Des analyses de comportement ou des sondages de la population permettent d'esquisser les fonctions $h_2^{ij}(kT)$ avec quelques points, puis avec une courbe, puis avec une équation:

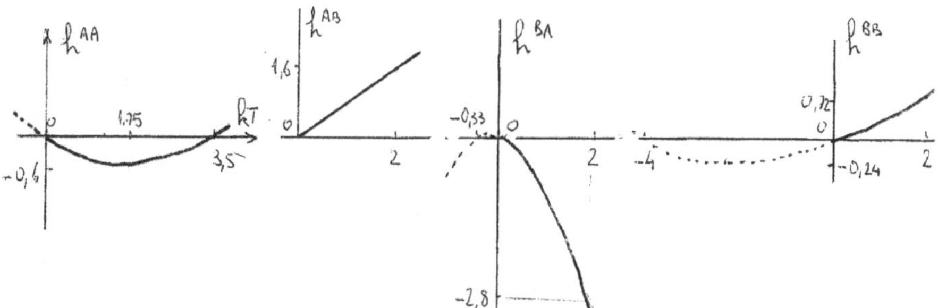

$$h_2^{AA} = (0{,}2.k.T - 0{,}7).k.T \qquad h_2^{AB} = 0{,}6.k.T \qquad \text{(14a à d)}$$

$$h_2^{BA} = -(0{,}6.k.T + 0{,}2).k.T \qquad h_2^{BB} = (0{,}06.k.T + 0{,}24).k.T$$

Comme précédemment, (relations (9), (10)) l'énergie mise en jeu par élément A ou B lors d'une rencontre quelconque, est une combinaison linéaire de ces énergies, pondérées par les fractions des éléments. On aboutit à :

$$h_2 = 0{,}86.k.T.(k.T-1).x_A^{\,2} - (0{,}72.k.T + 0{,}08).k.T.x_A + \dots$$
$$\dots \quad (0{,}06.k.T + 0{,}24).k.T \qquad (15)$$

Le choix d'un coefficient k en °K^{-1} au lieu de k_B permet d'éviter des hétérogénéités dimensionnelles dans les termes de h_2.
Comme précédemment, avec (15), on obtient :
$\Delta H_2/(k.N_t) = \lambda.h_2/k$ puis ΔG_2 grâce à la relation (5).

Les Fig 4.a à e représentent ces fonctions ΔG_1 et ΔG_2 des comportements 1 et 2, pour différentes valeurs de *kT*.
La population a donc le choix entre deux comportements. En fonction de la température, elle va adopter l'un ou l'autre ou les deux, de manière à abaisser au maximum son énergie de Gibbs.
Comme on l'a déjà vu, les tangentes aux deux courbes, lorsqu'elles existent, montrent que deux phases vont coexister à la température de ces courbes. Les fractions n_A correspondant à ces points de tangence sont notées f_1 à f_6.

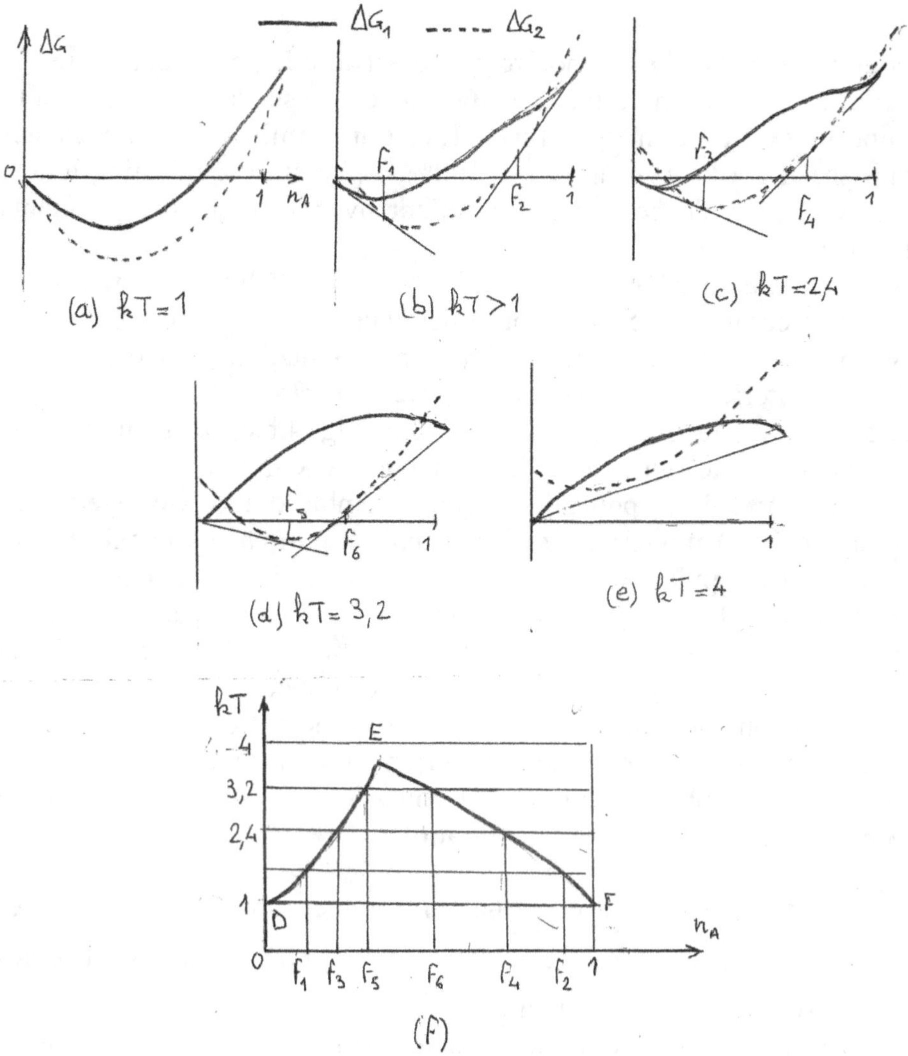

Fig.4. Allures des courbes $\Delta H, \Delta S$ (a) à (e).
Diagramme de cohabitation (f). D'après (3).

Le diagramme des cohabitations se construit points par points sur des horizontales correspondant aux différentes valeurs de *kT* (Fig.4.f). Il a la forme d'un triangle curviligne DEF.

IV. INTERPRETATION DU DIAGRAMME

Pour $kT = 4$, la Fig.4.e montre que c'est le comportement 1 qui est adopté, et que le minimum de ΔG_1 va se lire sur la « tangente » qui joint ses extrémités $n_A = 0$ et $n_A = 1$, ce qui signifie que vont coexister une phase 100% A et une autre 100% B : c'est la ségrégation totale. La proportion de ces phases s'obtient avec la règle des segments inverses.
A gauche du côté DE, et pour $1 < kT < 3{,}6$ (Fig. 4.b,c,d), on rencontre les deux comportements car on a des tangentes à ΔG_1 en $n_A = 0$ et ΔG_2 en $n_A = f_1$, f_3, f_5 . On a donc une population pauvre en A, de fraction inférieure aux $f_{1,3,5}$ selon la valeur de kT.
A droite du côté EF, et pour $1 < kT < 3{,}6$ (Fig. 4.b,c,d), la situation est en quelque sorte symétrique. Les tangentes à ΔG_2 en $n_A = f_2$, f_4 , f_6 et à ΔG_1 en $n_A \approx 1$ (le point de tangence semble d'abscisse légèrement inférieure à 1) montrent que les deux comportements coexistent, et qu'on a une population riche en A, de concentration supérieure à $f_{2,4,6}$.
A l'intérieur du triangle DEF, on rencontre les deux comportements, et les phases en présence sont de concentrations f_1 et f_2 à $kT = 1{,}6$ puis de concentrations f_3 et f_4 à $kT = 2{,}4$ puis de concentrations f_5 et f_6 à $kT = 3{,}2$. La zone du triangle est donc une zone de ségrégation modérée.
Enfin, pour $kT < 1$, c'est le comportement 2 qui prévaut et il n'y a qu'une seule phase dont la concentration en A est celle de la population, c'est une zone d'intégration.

On constate dans cette construction combien sont déterminants les choix des facteurs d'interactions h_2^{ij}, et combien il est délicat de les découvrir auprès de la population.
On peut essayer d'approfondir la détermination de ces interactions en les reliant à des caractéristiques fondamentales des comportements des individus, mais cette voie est très difficile.
Les effets extérieurs autoritaires sur la population peuvent être considérés inclus dans les effets de l'agitation des positions car ces dernières en sont pour une bonne part la conséquence.
Le cas d'un milieu pouvant adopter plus de deux comportements se traite de la même manière.
Cet exposé montre, de manière modeste, une fois encore, comment l'adaptation de la thermodynamique permet de réunir les différents

comportements de la matière physique et les comportements du milieu social.

Bibliographie

[1] Jürgen Mimkes, Binary alloys as a model for multicultural society, J. Therm. Anal. 43, 1995.
[2] Ingo Müller, An extrapolation of thermodynamics to evolutionary genetics, Dedicated to Krzyzstof Wilmanski on the occasion of his 70th birthday.
[3] Ingo Müller, Socio-Thermodynamics. Evolutionary potentials in a population of Hawks and Doves, Entropy, 2012, 14, 1285-1295.
[4] J.P. Dorlot et all., Des matériaux, Ed. école polytechnique Montréal.
[5] W. Kurz et all., Introduction à la science des matériaux, Presses polytechniques romandes.
[6] G. Allan, Théorie des attachements. Sociologie et thermodynamique, Ed. universitaires européennes.

Annexe.

Utilisation des courbes d'enthalpie libre des phases pour construire le diagramme d'équilibre d'un système binaire.

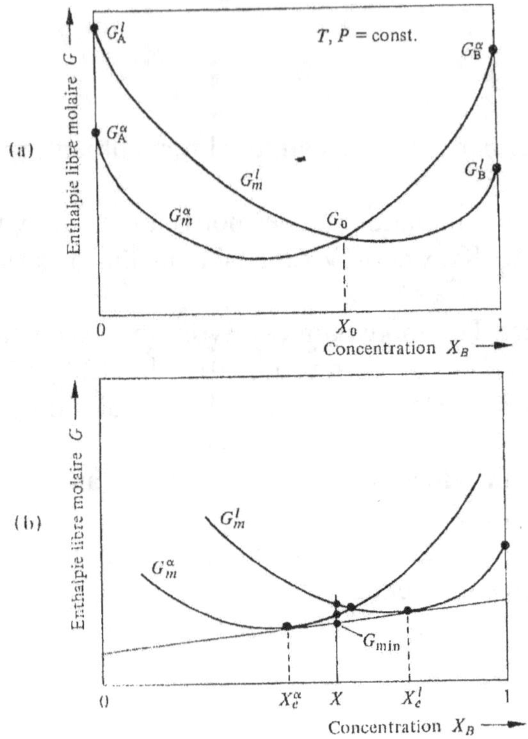

Fig A-1. Variation à T et P fixés, de l'enthalpie libre molaire d'un mélange d'une phase liquide l et d'une phase solide α. Pour une concentration X< X_e^α il existe une seule phase α, pour X>X_e^l il n'existe qu'une phase l, et entre ces deux valeurs, les 2 phases coexistent car de cette façon, l'enthalpie libre est abaissée (point G_{min}).

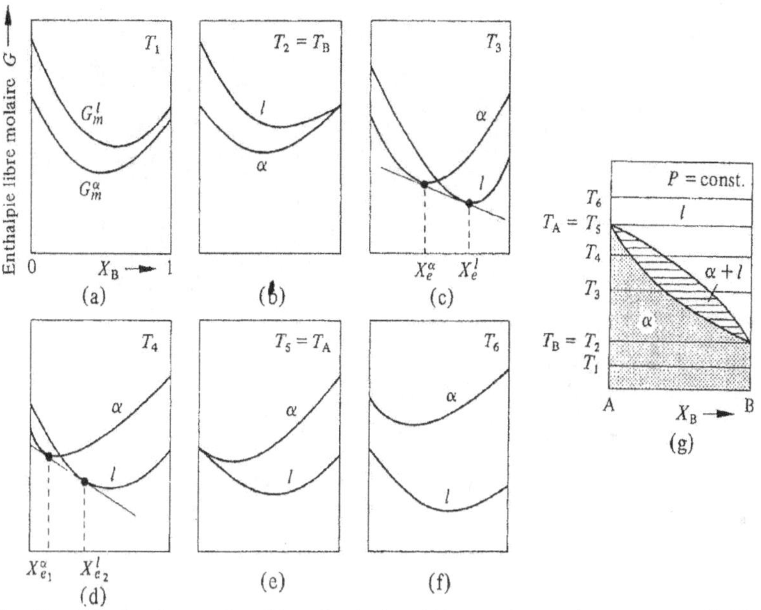

Fig. A-.2. Variation de l'enthalpie libre des phases à différentes températures (a à f). Construction du diagramme d'équilibre des phases pour un système binaire (g) : A et B sont totalement miscibles.

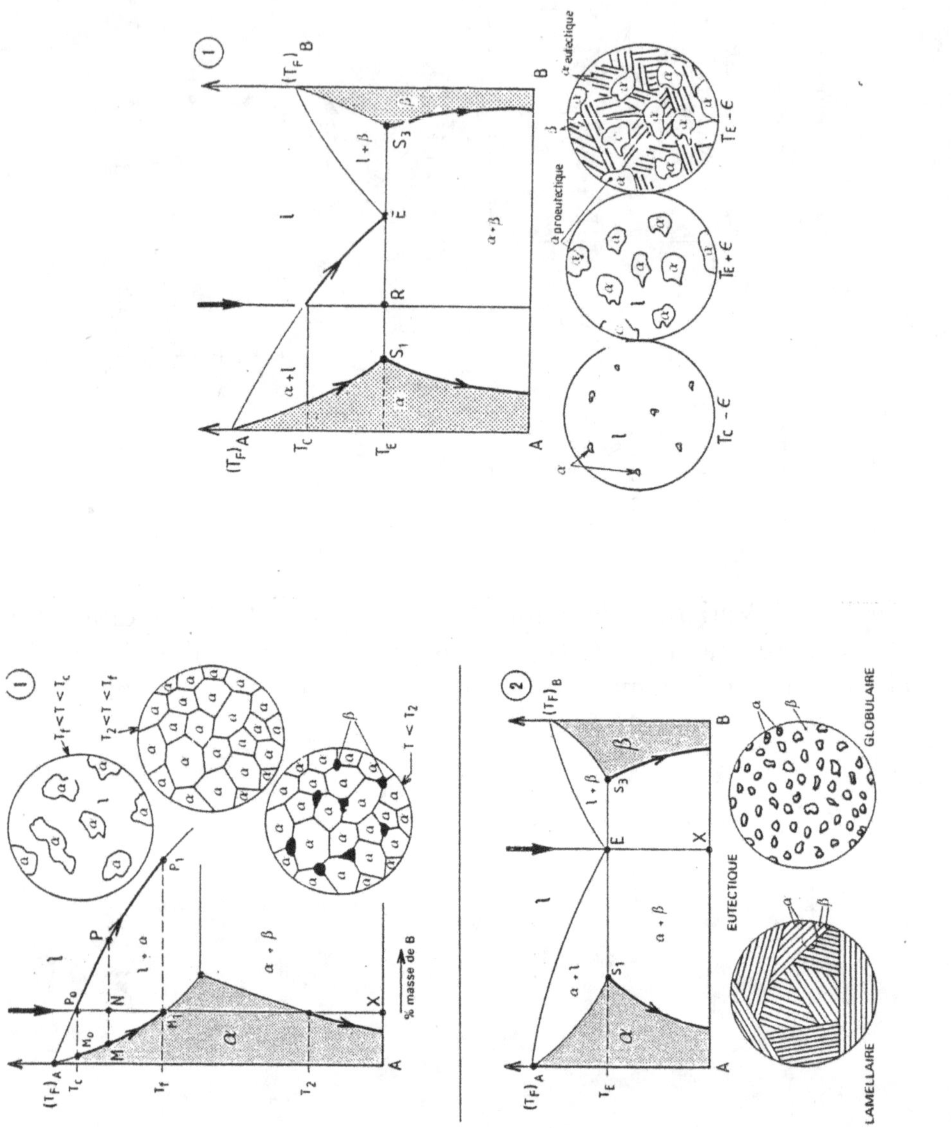

Fig. A. 3. Pour 3 compositions d'un alliage A-B, schématisation des différentes phases en fonction de la température. Les phases sont les apparences d'une même réalité qui est un alliage de composition fixée.

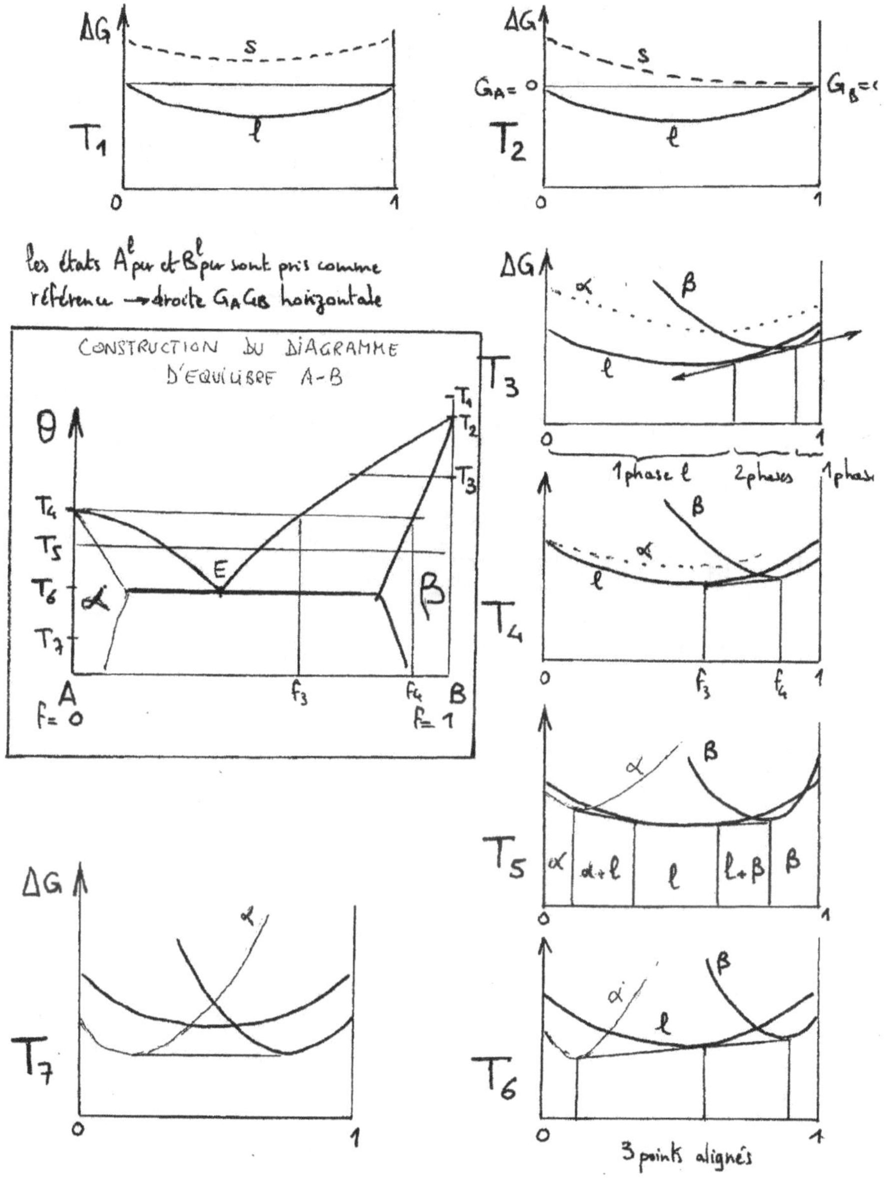

Fig. A-4. Autre exemple de la construction du diagramme d'équilibre d'un alliage binaire A-B à partir des courbes d'enthalpies libres des phases en présence à différentes températures. Le point E est un point eutectique où cohabitent 3 phases α, β et l .Les ΔG sont définis par référence à l'état liquide.

9. Stabilité, bifurcation.

La stabilité des constructions en physique ou des institutions en sociologie est un souci essentiel qui assure la sécurité et la tranquillité. La stabilité de ces structures matérielles ou humaines est une garantie de leur équilibre en dépit de sollicitations essentiellement de types statiques avec cependant des fluctuations de toutes sortes plus ou moins aléatoires. Mais il arrive que ces équilibres disparaissent de manière brutale lorsque les sollicitations supportées par la structure s'accroissent, même très peu, sans pour autant dépasser les limites imposées par les critères de résistance habituels. On assiste alors à l'effondrement d'une construction ou à une faillite d'une société. On comprend alors tout l'intérêt de l'étude de la stabilité et du point de bifurcation, c'est-à-dire du passage brutal d'une situation d'équilibre à une situation de ruine d'une structure.

I. DEFINITIONS

Une structure est en équilibre stable si, lorsqu'on l'écarte de sa position d'équilibre de quantités infinitésimales, ces écarts ne croissent pas et restent dans des limites faibles et admissibles. Elle est stable et élastique (ou réversible) si ces écarts reviennent d'eux-mêmes à zéro lorsqu'on cesse de les appliquer.
Une bifurcation (ou flambage ou flambement en construction des charpentes) est une variation brutale, soudaine, de la position d'équilibre d'une structure, avec très souvent une grande déformation qui modifie considérablement la résistance et amène la rupture [1].

Pour illustrer la bifurcation, on se réfère souvent au cas d'une barre soumise à deux efforts de compression N comme l'indique la Fig.1a. Nous allons voir que, de manière inattendue, celle-ci fléchit (en plus de sa compression) et montre une déflexion (une flèche) δ. Le graphique de la Fig.1b décrit N/N_{cr}, où N_{cr} est l'effort de compression critique qui produit la bifurcation, en fonction de δ, pour différentes valeurs de δ_0 qui représente l'imperfection initiale de la rectitude.

La Fig.2 reprend la courbe N/N_{cr} (δ) pour un montage parfait ($\delta_0 = 0$,) ce qui montre clairement le point de bifurcation : lorsque l'effort N croit, la barre est stable tant que $N<N_{cr}$. Pour $N=N_{cr} + dN$, le tracé d'une horizontale en ce point coupe la courbe en un point d'abscisse δ importante, ce qui signifie que la déformation s'est accrue considérablement pour une augmentation infime de N : c'est la bifurcation.

Ce même tracé sur les Fig. 3 montre 3 types d'instabilités / stabilités d'après la symétrie ou non de la courbe N/N_{cr} (δ) au voisinage du point de bifurcation.

L'annexe 1 présente des cas d'instabilité en compression, mais aussi en flexion et sous certaines actions de pression. Les barres en traction sont toujours très stables, elles ne présentent jamais d'instabilités par bifurcation.

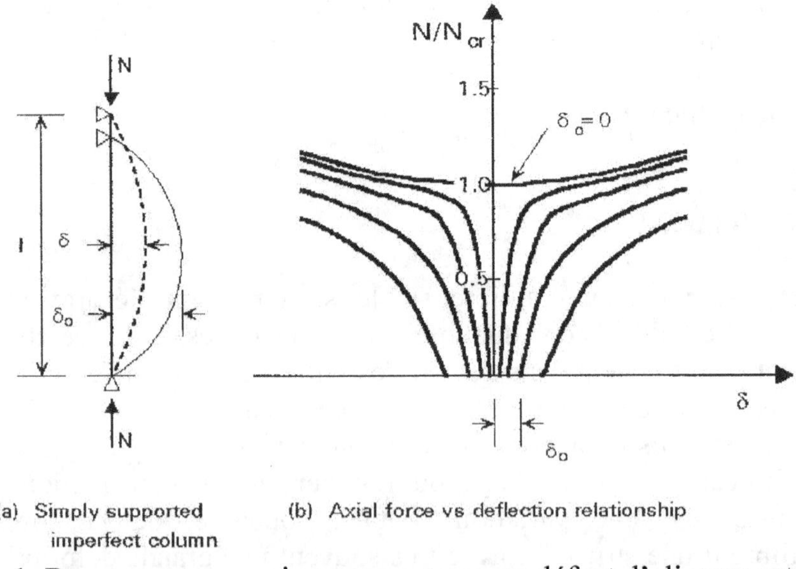

Fig.1. Barre en compression avec ou non un défaut d'alignement ou de rectitude initial δ_0 qui devient δ en charge [0].

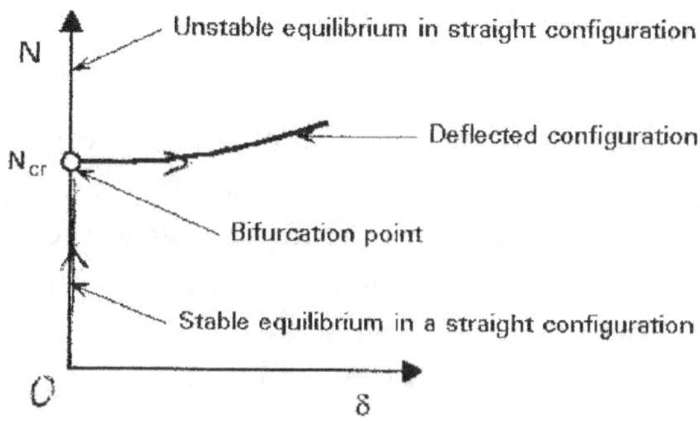

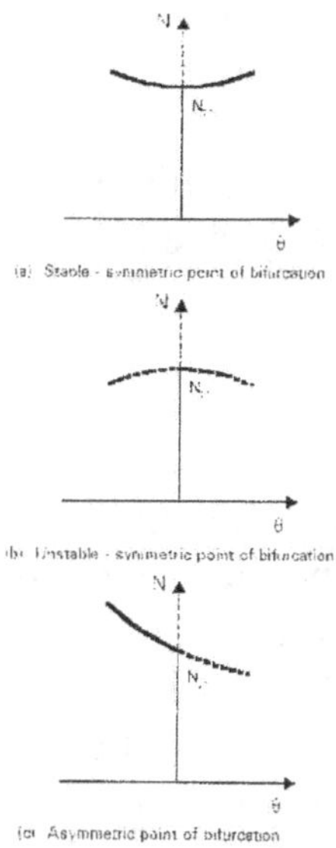

Fig.2. Cas précédent avec δ_0=0 : grande déflexion en N>Nc [0].

Fig.3. Cas d'instabilité ou non [0].

Toujours pour le cas de référence d'une barre seule en compression, l'importance des liaisons aux extrémités sur la charge critique P_c qui déclenche la bifurcation (en pointillés) est illustrée avec le tableau suivant :

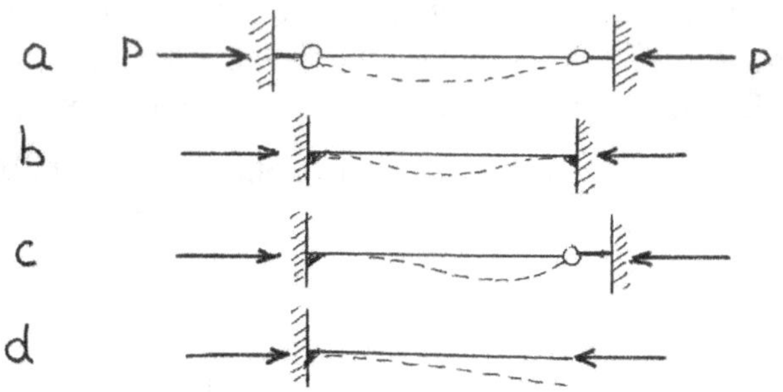

$P_{ca} = \pi^2 EI/L^2 \qquad P_{cb} = 4.P_{ca} \qquad P_{cc} = 1{,}42.P_{ca} \qquad P_{cd} = 0{,}25.P_{ca}$

où L est la longueur (m) de la barre et E.I décrit sa rigidité à la flexion (en $N.m^{-2}$)

On constate que la suppression de degrés de liberté par les liaisons aux extrémités augmente la charge critique P_c. Celle-ci intervient en deçà d'une limite de résistance classique (élastique, plastique, rupture), d'où l'importance de sa prévision.

Pour cela, la méthode d'analyse fait appel à l'énergie potentielle de l'ensemble concerné. Très (trop) simplement, une image de l'énergie potentielle d'une bille sur une surface irrégulière est donnée par le fait qu'elle roule jusqu'à trouver un creux assez profond, on dit alors que son énergie potentielle est minimale.

II. ENERGIE POTENTIELLE

La grandeur déterminante dans l'apparition d'une bifurcation est l'énergie potentielle. En se plaçant dans le domaine de la physique [1], il s'agit de l'énergie potentielle d'une barre ou d'une structure de barres en sollicitations élastiques linéaires, sans échange de chaleur avec son extérieur, et évoluant très lentement avant la bifurcation, c'est-à-dire avec une variation d'énergie cinétique nulle.

Le calcul exact de cette énergie potentielle, notée V, est en général très difficile car il nécessite la résolution d'équations différentielles en déplacements, très délicates.
C'est pourquoi on recherche une solution approchée, à l'aide d'un champ de déplacements approché, différent du champ réel qu'on ignore, qui va nous permettre d'approcher la valeur du chargement critique.
Dans la méthode de prévision des charges critiques développée ici, cette énergie potentielle est calculée avec un champ de déplacement (on peut dire aussi d'évolutions) cinématiquement admissible, noté $\vec{U}_{adm(M)}$ ou $\vec{U}_{a(M)}$, c'est-à-dire raisonnable, plausible, et vérifiant les conditions aux limites.
Il existe aussi une autre méthode approchée par la recherche d'un champ de contraintes approché, mais il n'est pas nécessaire ici d'envisager cette seconde méthode qui est un peu plus compliquée.

Pour un domaine Δ constitué d'une ou plusieurs barres, de frontière S avec l'extérieur, l'énergie potentielle d'un champ de déplacements cinématiquement admissible est définie par :

$$V(\vec{u}_a) = \int_\Delta w(\vec{u}_a).dv - \left(\int_\Delta \vec{f}_{(M)}.\overline{U}_{a(M)}.dv + \int_S \vec{T}_{(P,\vec{n})}.\overline{U}_{a(P)}.ds\right)$$

où $\vec{f}_{(M)}$ et $\vec{T}_{(P,\vec{n})}$ sont respectivement une densité volumique et surfacique d'actions (les actions volumiques sont très souvent dues à la pesanteur, elles seront négligées devant les autres)

et où $w = \frac{1}{2}.(\sigma_{ij}.\varepsilon_{ij})$ est l'énergie de déformation élastique par unité de volume.

$V(u_a)$ est donc la différence entre l'énergie de déformation élastique de Δ et le travail des actions extérieures.

• Définition de l'énergie de déformation volumique *w*.

Il faut se souvenir [2] de la signification généralisée de cette forme d'énergie que l'on appelle aussi travail : c'est le produit d'une grandeur intensive comme un effort ou une contrainte (action autoritaire) par sa grandeur duale, associée, qui est extensive, et qui qualifie l'ampleur des modifications produites. Dans $w = 0{,}5.(\sigma_{ij}.\varepsilon_{ij})$ il y a une somme de produits sur i et j ; ce terme est bien homogène à une énergie volumique (mN/m^3). Les contraintes σ_{ij} représentent les forces surfaciques de cohésion au sein du milieu, et les ε_{ij} représentent les taux de déformations ou d'évolutions locales.

Par exemple dans le cas d'une barre d'axe $O\vec{x}$ en compression soumise uniquement à σ_{xx} avec $\sigma_{xx} =$ k. ε_{xx}, $w = 0{,}5.\text{k}.\varepsilon_{xx}^{\ 2}$ ou $w = 0{,}5/\text{k}.\ \sigma_{xx}^{\ 2}$, et pour le volume total de la barre, $W = V_{olume}.w$, si *w* est uniforme.

Dans un autre domaine, si une action d'épandage d'engrais notée *σ*, chiffrée en €, produit une amélioration relative de la production à l'hectare notée *ε*, le travail de modification de la récolte par hectare est $w = 0{,}5.\sigma.\varepsilon$ €.

• Calcul de l'énergie de déformation volumique *w* pour les barres élancées en flexion (voir Fig.3). [3]

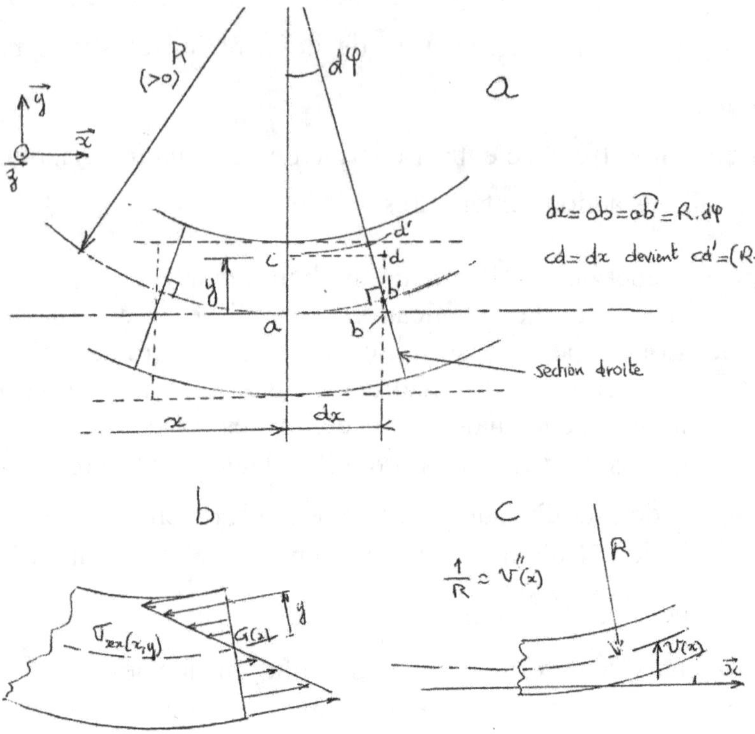

Fig. 3. a : déformations locales ; b : répartition des contraintes dans une section droite ; c : équation de la déformée de la ligne moyenne et rayon de courbure.

Pour une barre droite de longueur OB = L, d'axe $\vec{x}$, sa ligne neutre (en trait mixte), lieu des centres de gravité des sections droites d'aire S, indépendantes de l'abscisse *x* , le calcul de *w* peut se simplifier en faisant appel à la théorie des barres ou poutres.

Lorsque la barre fléchit dans le plan $(\vec{x}, \vec{y})$, la courbure de la ligne neutre, notée 1/R, met certaines « fibres » en tension et d'autres en compression, comme on le voit sur les Fig. 3a et 3b. Pour R>0, et pour une longueur élémentaire dx, les fibres en y>0 sont raccourcies de la quantité $R.d\varphi - (R - y).d\varphi = y.d\varphi$ et le taux de déformation en ce point est

$$\varepsilon_{xx} = -y/R \qquad (\alpha)$$

D'autre part, la linéarité entre contrainte et taux de déformation, fait que la répartition de ces contraintes de flexion (Fig.3b) est du type

$$\sigma_{xx} = E.\varepsilon_{xx} \qquad (\beta)$$

indépendante de *z*, où E est la rigidité élastique ou module de Young du matériau. Au point *G(x),* la résultante des contraintes est un effort nul et un moment de flexion au centre de la section :

$$\vec{M}_{f\,G(x)} = -\vec{z}.\int_{S(x)} \sigma_{xx(x)}.y.ds = \vec{z}.(E.I_{Gz(x)}/R_{(x)}) \qquad (\gamma)$$

où *y* (et *z*) sont des dimensions dans l'épaisseur de la barre, et où $I_{Gz(x)}$ est le moment quadratique (ou d'inertie) qui traduit la répartition de la matière dans la section droite par rapport à l'axe $G\vec{z}$.

Enfin, l'équation de la déformée de la ligne neutre étant $v_{(x)}$ (déplacements suivant $\vec{y}$), on utilise l'approximation

$$d^2v_{(x)}/dx^2 = 1/R_{(x)}\text{, noté } v''_{(x)} \qquad (\delta)$$

En combinant les relations (α) à (δ), la relation contraintes-déformations, devenue relation moment de flexion-déformée, en théorie des barres s'écrit, en notations abrégées :

$$E.I_{Gz}.v''_{(x)} = M_{f(x)} \qquad (\varepsilon)$$

Dans un cas de compression pure, la résultante des contraintes σ_{xx} est l'effort normal N, négatif, et le moment de flexion est nul.

Pour retrouver une expression de W_{flex} avec ces grandeurs de la théorie des barres, (α) et (β) nous permettent d'écrire $E = -R.\sigma_{xx}/y$, et avec (ε), on obtient l'énergie de déformation en flexion pour la totalité du volume, et si $I_{G\vec{z}}$ est indépendant de *x*:

$$W_{flex} = \frac{1}{2.E.I_{G\vec{z}}}.\int_0^L M_{f(x)}{}^2.dx \qquad (\mu)$$

De même pour l'énergie de déformation en traction ou en compression, on obtient

$$W_{t-c} = \frac{1}{2.E.S}\int_0^L N_{(x)}^2.dx \qquad (\eta)$$

Ces relations sont ici établies de manière directe et simple, mais on pourra se reporter à [3] pour des approches plus générales.

III. METHODE APPROCHEE DE LA BORNE SUPERIEURE DE L'ENERGIE POTENTIELLE

Cette méthode de détermination des charges critiques amenant la bifurcation fait partie des méthodes dites approchées car son objectif n'est pas de trouver la valeur exacte d'une sollicitation critique, mais de tendre vers celle-ci, l'approche pouvant être très bonne, à quelques % près.
Cette méthode repose sur le théorème de la borne supérieure de l'énergie potentielle qui peut s'énoncer ainsi :
Parmi tous les champs cinématiquement admissibles, le champ de déplacements réels est celui qui minimise l'énergie potentielle.

Autrement dit, l'énergie potentielle d'un champ cinématiquement admissible est toujours une borne supérieure, c'est-à-dire une valeur par excès, de l'énergie potentielle réelle :

$$V(\vec{U}_{réel}) \leq V(\vec{U}_{adm}) .$$

L'origine de cette inégalité est expliquée dans la l'établissement de ce théorème de la borne supérieure, en annexe 2.

Le meilleur choix d'un champ cinématiquement admissible, le plus proche possible du champ réel, est celui qui abaisse le plus possible la valeur de l'énergie potentielle $V(\vec{U}_{adm})$, ce qui peut s'illustrer ainsi :

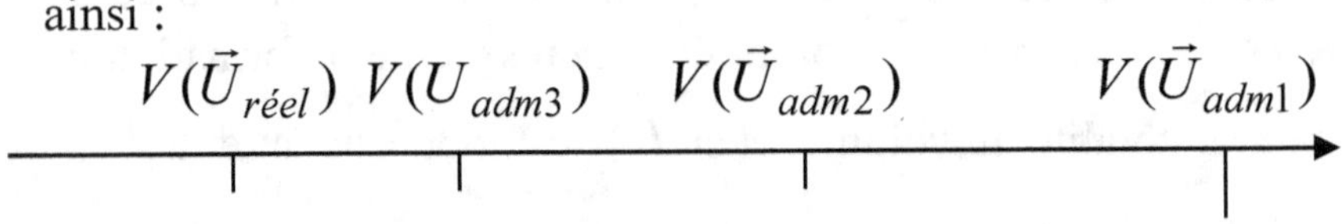

Noter que les $V(\vec{U}_{adm})$ sont une borne supérieure de l'énergie potentielle réelle $V(\vec{U}_{réel})$ et qu'il n'est pas question ici d'une borne supérieure de la charge critique, même si ces bornes supérieures sont en corrélation.
Dans le cas simple de la figure ci-dessous, où une barre encastrée est en compression avec un défaut d'alignement δ qui provoque sa

flexion, on a essayé 3 champs de déplacements de flexion : $\vec{U}_{a(M)} = v_{(x)}.\vec{y}$, tous cinématiquement admissibles, c'st à dire vérifiant $v_{(0)} = 0$ et $(dv/dx)_{x=0} = 0$. Les charges critiques sont celles qui rendent l'énergie potentielle $V(v_{(x)})$ minimale. On constate que ces valeurs approchées sont très voisines, la troisième coïncidant quasiment avec la valeur exacte de P_c. La qualité de l'approche est dans ce cas très satisfaisante.

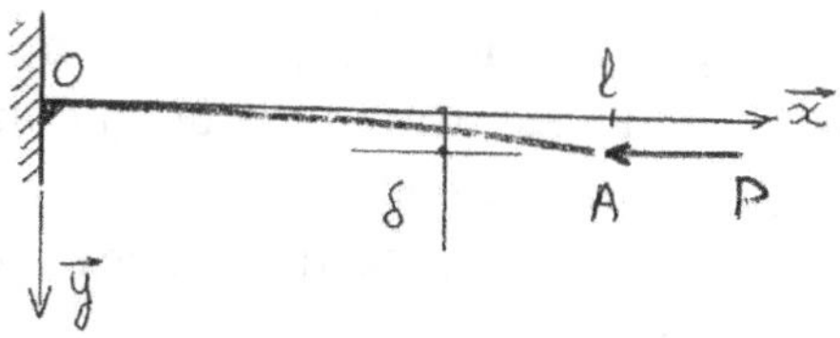

$v_{(x)}$	$V(v_{(x)})$	P_C
1. $\delta.x^2/l^2$	$2\delta^2/l(EI/l^2 - P/3)$	$3.E.I/l^2$
2. $\delta.x^2.(3l - x)/2l^3$	$3\delta^2/8l^3(4EI - 8/5.Pl^2)$	$2,5.E.I/l^2$
3. $\delta(1 - \cos(\pi x/2l))$	$\delta^2\pi^2/16l(\pi^2 EI/4l^2 - P)$	$2,46.E.I/l^2$

On constate que $v_{(0)} = 0$ signifie que la barre reste droite, il n'y a aucun début de bifurcation, et $V(v_{(x)}) = 0$.

Mais si P croît et devient supérieur à la charge critique P_c , alors $V(v_{(x)})$ peut s'abaisser en devenant négatif avec $\delta \neq 0$; c'est l'évolution naturelle que la barre va adopter, c'est la bifurcation soudaine.

Comme on le voit, le champ de déplacements cinématiquement admissible doit comporter des termes qui correspondent à une déformation de flexion, afin de rendre possible l'étude d'une éventuelle bifurcation, phénomène impossible à prévoir si ces déformations ne figurent pas dans le calcul. Pour étudier une bifurcation en torsion par exemple, il faudrait introduire dans $\vec{U}_{a(M)}$ des termes autorisant cette torsion.

IV. ADAPTATION A DES STRUCTURES NON PHYSIQUES

Comment adapter la notion de bifurcation au domaine social ? Que représente une barre dans un tel domaine ?
Toute structure existe et perdure si elle est préservée des effets néfastes de son environnement. C'est pourquoi un certain nombre de règles sont établies pour la défendre et la renforcer, et elles doivent être appliquées par les gérants de la structure sociale. La conception et l'organisation de celle-ci doivent permettre de supporter au mieux les effets endommageants ou destructeurs de l'environnement. Ces effets peuvent être des charges financières plus ou moins prévues, des problèmes de relations humaines, des effets de la concurrence, des lois et règlements contraignants de la part des états, etc. Les organisateurs de la structure ont défini une certaine ligne générale de conduite des affaires, avec des rigidités imposées par un règlement intérieur de gestion. Cette ligne directrice est orientée pour supporter et contrecarrer au mieux les effets extérieurs. En plus de la nécessaire rigidité de la gestion à tous les postes qui sont sollicités, le socle fondateur de ces règles de consolidation doit interdire tout écart entre des évolutions réelles et les évolutions visées.

On reconnaît dans cette description générale, les parallèles entre la barre et la ligne directrice de gestion, entre la rigidité du règlement intérieur et la rigidité de la barre, entre le socle fondateur de la ligne directrice, et les conditions aux limites de la barre, entre la position des charges sur la barre, et l'orientation de la ligne directrice vis-à-vis des effets extérieurs.
A la rigidité à la flexion d'une barre par exemple, notée $E.I_{Gz}$ dans la relation (ε), correspond une rigidité K qui relie l'effet déviant des actions extérieures ($M_{dév(x)}$) qui tend à infléchir les règles de bonne gestion et les écarts qui en résultent, décrits par la déviation de la ligne de conduite ($1/R_{(x)}$) : c'est la relation (ε') :

$$M_{dév(x)} = K.(1/R_{(x)}) \qquad (\varepsilon')$$

L'énergie de déformation ou d'évolution à l'intérieur de la gestion est due à l'intensité des sollicitations σ_{ij} qui tendent à opérer une décohésion entre l'attachement à la bonne gestion et une moins bonne gestion suscitée de l'extérieur, et elle est due aussi à l'ampleur de

l'écart ε_{ij} qui en résulte dans le traitement des tâches ; cette énergie de déformation est décrite par le produit $\sigma_{ij}.\varepsilon_{ij}$.
A la relation (µ) qui donne l'énergie de déformation de la barre, correspond une énergie de déviance de la gestion donnée par :

$$W_{dév} = \frac{1}{2.K} \cdot \int_0^L M_{dév(x)}^{\ 2}.dx \qquad (\mu')$$

Les relations entre les grandeurs homologues de la physique et de la gestion, sont construites de la même manière, mais la signification de ces grandeurs doit être adaptée à chaque domaine.

V. EXEMPLE

On considère une société multinationale que nous désignerons par ISAX, qui comprend une vingtaine de succursales. Elles sont toutes en déficit. C'est le siège de la société qui a pour mission de définir la ligne directrice de gestion, et de contenir les dysfonctionnements. Il est localisé à une extrémité de la structure, au point O, et il n'autorise aucun degré de liberté par rapport aux règles strictes de conduite des affaires ; dans l'analogie avec les barres, il se représente par un encastrement en O.

Les déficits sont une charge pour la société ISAX, en chaque succursale n° i, il peut se chiffrer par un montant q_i . La localisation de la succursale n° i dans la structure ISAX, c'est-à-dire le point d'application de la charge q_i, situé à l'abscisse x de la structure, est plus ou moins éloigné du point de référence O, cette distance représente l'éloignement par rapport aux directives de bonne gestion de la direction générale. Plus elle est grande, plus les règles et règlements de la direction sont relâchées, la rigueur et la rigidité imposées par le siège sont relâchées. Il y a alors un risque d'écart élevé par rapport à la ligne stricte imposée. Plus une succursale s'écarte de la ligne imposée, plus les efforts pour rétablir la situation sont importants.
Pour simplifier, on remplace la vingtaine de déficits q_i par une répartition q(M), localisée en un point M d'abscisse x , et de plus on considère que cette répartition q est uniforme.
L'orientation de la structure ISAX est telle que les effets indésirables comme les déficits sont supportés avec un minimum de déviance ; la

structure a donc la même direction que q, c'est-à-dire $\vec{x}$. Ces effets pouvant amener une instabilité par bifurcation, ce qui est l'objet de l'étude, la barre représentant la structure de ISAX est donc bien en compression et en flexion, pas en traction.

Les charges q sont inégalement supportées par les différentes sections droites de la barre, c'est à dire par les différents postes de gestion de la société, c'est la partie proche de O qui supporte davantage de charge. Ce ne serait pas le cas si l'action extérieure sur l'ensemble de la structure ISAX était une charge concentrée à l'extrémité A de la barre, c'est-à-dire si le déficit était concentré sur une seule succursale.
Dans le cas de la répartition q, une section droite supporte non seulement la charge (q.dx) qui lui est appliquée, mais aussi la somme des charges (q.dx) appliquées de x à l. L'encastrement en O est une action autoritaire qui interdit toute évolution (déformation) dans cette zone. S'il était remplacé par un appui simple (rotule), davantage d'évolution (degrés de liberté) serait possible, c'est-à-dire que la déviance serait accentuée.

Les questions cruciales deviennent pressantes : les déficits vont-ils rester admissibles s'ils continuent à croître ? Existe-t-il un seuil critique ?
Lorsque q croît, la compression croît, l'énergie de déformation croît, mais la barre garde tant bien que mal sa configuration rectiligne, elle subit sans évolution apparente, sans déformation notoire.
La situation devient critique lorsque l'équilibre entre l'énergie de déformation et l'énergie développée par q n'est plus possible, et plus exactement lorsque l'énergie déformation devient plus importante que l'énergie développée par l'extérieur ($V<0$).

Modélisation et résolution.
Toutes ces considérations permettent de justifier l'analogie entre la situation critique pour la société ISAX et la bifurcation de la barre OA sous son chargement particulier illustré sur la Fig.4.a.

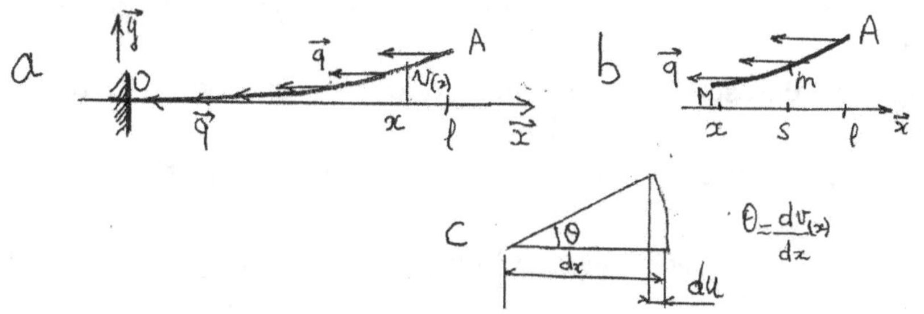

Fig. 4. Structure de type barre soumise à des charges q uniformément réparties.

La recherche de la charge répartie critique s'effectue à l'aide du théorème de la borne supérieure qui est à l'origine de la MBS de l'énergie potentielle.
Dans la méthode de la BS, l'énergie potentielle s'écrit :

$$V(\vec{u}_a) = \int_\Delta w(\vec{u}_a).dv - \left(\int_\Delta \vec{f}_{(M)}.\overline{U}_{a(M)}.dv + \int_S \vec{T}_{(P,\vec{n})}.\overline{U}_{a(P)}.ds \right) \tag{A}$$

On considère que les forces de volume $\vec{f}_{(M)}$ sont négligeables devant les actions linéiques $\vec{T}_{(P,\vec{n})} = \vec{q}$.

Le problème doit être régulier, c'est-à-dire que dans un volume ou sur une surface, il ne faut pas que les actions et les déplacements soient donnés simultanément ; dans les 2 derniers termes, les sommes sont calculées là où les efforts sont donnés.

On adopte l'expression (μ) établie en théorie des barres pour l'énergie de déformation de flexion (1er terme de A) :

$$W_{flex} = \frac{1}{2.E.I_{G\vec{z}}} . \int_0^L M_{f(x)}{}^2 .dx$$

On néglige l'énergie de déformation de compression devant celle due à la flexion.

Choix d'un champ cinématiquement admissible qui vérifie les conditions aux limites en x=0 :

- déplacements de flexion suivant $\vec{y}$

$$v_{(x)} = \delta\left(1 - \cos(\pi x / 2l)\right) \tag{B}$$

- déplacement dû à la courbure suivant $\vec{x}$: noté $u_{(x)}$, à déterminer.

Calcul du moment de flexion puis de l'énergie de déformation de flexion.

La Fig.4.b représente, pour plus de clarté, un morceau de barre d'abscisse supérieure à x. Au point m d'abscisse s il y a une action élémentaire *(q.ds)* qui a un moment élémentaire par rapport à M(x), noté

$$dM_f = (q.ds).(v_{(s)} - v_{(x)}) \qquad \text{(C)}$$

et le moment dû aux actions réparties de x à l s'écrit

$$M_{f(x)} = \int_x^l dM_{f(s)} \qquad \text{(D)}$$

soit : $$M_{f(x)} = q.\delta.\int_x^l (\cos \pi x/2l - \cos \pi s/2l).ds$$

qui donne : $$M_{f(x)} = q..\delta.\lfloor (l-x)\cos \pi x/2l - 2l/\pi(1-\sin \pi x)2l) \rfloor \qquad \text{(E)}$$

L'énergie de déformation totale dans la barre de 0 à l s'obtient avec la relation (μ) de la théorie des barres :

$$W_{flex} = \frac{1}{2.E.I_{G\vec{z}}} \cdot \int_0^L M_{f(x)}{}^2.dx$$

On trouve, pour le 1er terme de (A) qui représente l'énergie de déformation de flexion dans toute la barre, calculée avec le champ de déplacement choisi (B):

$$W_{flex} = \frac{\delta^2.q^2.l^3}{2.E.I_{G\vec{z}}} \cdot \left(\frac{1}{6} + \frac{9}{\pi^2} - \frac{32}{\pi^3} \right) \qquad \text{(F)}$$

Calcul du travail des actions extérieures $\vec{q}$.

Ce sont les seules actions extérieures sur la barre. Chaque action élémentaire ($\vec{q}.dx$) déplace son point d'application suivant $\vec{y}$ et aussi suivant $\vec{x}$ à cause de la courbure de la barre et avec l'hypothèse que la réduction de longueur due à la compression est négligeable.

Le travail de cette action élémentaire est

$$(\vec{q}.dx).(u_{(x)}.\vec{x} + v_{(x)}.\vec{y}) = q.u_{(x)}.dx$$

Seul le déplacement suivant $\vec{x}$ est à l'origine d'un travail élémentaire dW_e développé par la répartition q en chaque point M qui se déplace de u par rapport au point O.

La répartition q agissant sur le morceau de la Fig. 4b a une résultante en M égale à $q.(l-x)$

En se reportant à la Fig.4.c,

$$du = dx(1-\cos\theta) \approx dx.\theta^2/2 \qquad \text{(G)}$$

$$\text{et} \quad \theta_{(x)} = dv_{(x)}/dx \qquad \text{(H)}$$

Puis le travail élémentaire $dW_e = q.(l-x).du$

Amène

$$W_e = q.\int_0^l (l-x).\frac{1}{2}.\left(\frac{dv_{(x)}}{dx}\right)^2.dx \qquad \text{(I)}$$

Avec la champ (B), on trouve

$$W_e = \frac{q.\delta^2.\pi^2}{8}.\left(\frac{1}{4}-\frac{1}{\pi^2}\right) \qquad \text{(J)}$$

Calcul de l'énergie potentielle.

En reportant (F) et (J) dans l'énergie potentielle (A),

$$V(u_a) = \frac{\delta^2.q^2.l^3}{2.E.I_{Gz}}.\left(\frac{1}{6}+\frac{9}{\pi^2}-\frac{32}{\pi^3}\right) - \frac{q.\delta^2.\pi^2}{8}.\left(\frac{1}{4}-\frac{1}{\pi^2}\right)$$

Si $\delta = 0$, la barre reste droite, $v_{(x)} = 0$ et $V(u_a) = 0$; cette situation est stable.

Mais $V(u_a)$ peut devenir négative avec $\delta \neq 0$ si q est supérieur à q_c donné par

$$q_c = \frac{7{,}89.E.I_{Gz}}{l^3} \qquad \text{(K)}$$

Cette situation est celle de la bifurcation. Pour information, la valeur exacte est $q_c = \frac{7{,}83.E.I_{Gz}}{l^3}$, ce qui montre que la solution approchée (K) est excellente.

Retour au cas de la société ISAX.

Ce résultat concernant la barre OA doit être adapté au cas de la société ISAX.

On a précédemment défini la rigidité de la structure de cette société, c'est-à-dire sa capacité à minimiser une déviation de la gestion des affaires, représentée par la courbure 1/R, sous l'effet d'actions endommageantes de l'extérieur, notées $M_{dév(x)}$.

Cette rigidité apparaît dans la relation (ε') : $M_{dév(x)} = K.(1/R_{(x)})$

où K correspond à $E.I_{Gz}$, ce que nous notons $K = E.I_{Gz}$.

Initialement, en l'absence d'actions extérieures, la conduite des affaires est idéale, elle est à l'image de la barre parfaitement droite, c'est-à-dire que le rayon de courbure R est infini, donc la courbure est nulle. Sous une action extérieure fixée, la courbure est d'autant plus faible que la rigidité K est grande.

De quoi est faite la rigidité $K = E.I_{Gz}$ dans la société ISAX ?

Le terme E se rapporte au matériau de la barre, c'est son caractère intrinsèquement rigide sous toutes sortes de sollicitations. Dans la société ISAX, cela correspond au caractère, au comportement des individus qui accomplissent sa gestion. Ce personnel doit dévier le moins possible (ε faible) lorsqu'une difficulté ou un effet extérieur (σ) tend à provoquer cette déviation, c'est-à-dire que dans la relation $\sigma = E.\varepsilon$, la rigidité du personnel E doit être élevé.

Le terme I_{Gz} se rapporte à la forme de la section droite de la barre, c'est-à-dire à la manière dont la matière est répartie dans l'épaisseur, suivant $\vec{z}$ et $\vec{y}$. Chacun sait d'expérience que les sections creuses, rondes ou rectangulaires ou autres, sont plus difficiles à fléchir que celles où la même quantité de matière est rassemblée sur la ligne neutre (barres pleines). Dans le cas de la société ISAX, cela correspond à l'efficacité de la cohésion entre directives et gestion réelle ; chaque individu doit être sensible au respect des directives, il le sera d'autant plus qu'il est placé en un poste d'observation où les déviances sont un peu amplifiées, c'est-à-dire à l'écart, autant que possible de la ligne moyenne, dans la direction $\vec{y}$ pour augmenter I_{Gz}.

Enfin, dans la relation (K) qui défini la charge critique q_{cr} due aux dettes des filiales, la longueur l de la barre intervient ; elle représente la « distance » en terme de respect des règles de gestion, c'est-à-dire le relâchement de ces règles dans la réalité. Il est évident que plus cette distance, plus ce relâchement sont importants, plus la bifurcation vers la ruine totale va se produire, pour une dette q_{cr} faible.

Au-delà du cas qui vient d'être étudié, les phénomènes de bifurcation concernent toute forme de structure. Par exemple, dans la structure d'un anneau soumis à une charge radiale q (Fig.7, Annexe 1) on pense à la construction des voûtes ou des soutènements en ogive, où les pierres se coincent, se soutiennent mutuellement, évoquant une sorte de solidarité. Cependant, même dans une telle structure, où la forme circulaire semble davantage préservée, une bifurcation peut se produire lorsque q croît, et le cercle prend la forme d'un 8.
Les cas de structures instables se manifestent par l'apparition soudaine de déplacements, d'évolutions, lorsque les sollicitations extérieures augmentent. On peut subjectivement résumer cela en disant que, parmi toutes les déformations et toutes les évolutions possibles, la nature choisit toujours celles qui minimisent l'énergie potentielle.

Bibliographie.

[0] ESDEP, Groupe de travail 6, Stabilité appliquée, ENSAM.
[1] S. Timoshenko, Théorie de la stabilité élastique, Dunod.
[2] G. Allan, Théorie des attachements, Sociologie et thermodynamique, Editions universitaires européennes.
[3] D. Gay, J. Gambelin, Dimensionnement des structures, Hermes.

Annexe 1. Figures illustrant des cas d'instabilités.

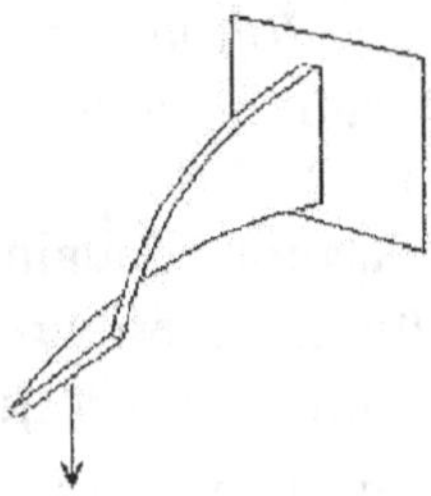

1 Flexion avec Déversement [0].

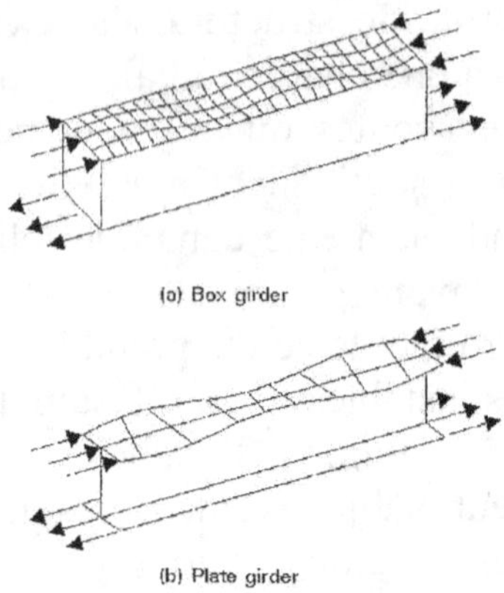

2. Structure en caisson et en I [0].

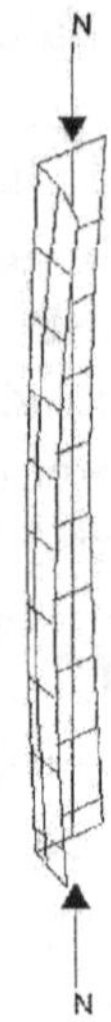

3. Une torsion (barre en L) [0).

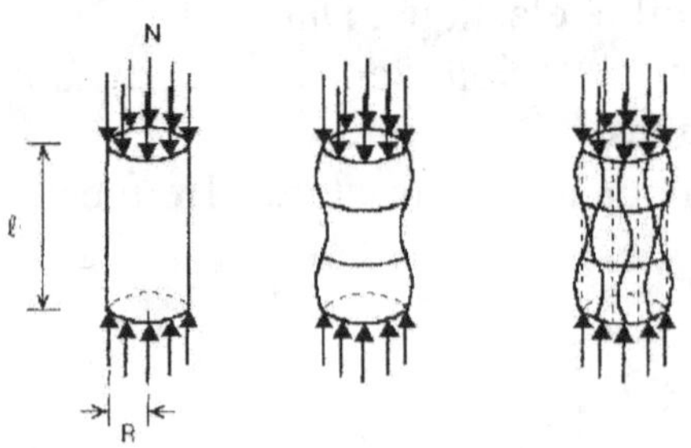

4. Cylindre mince en compression [0]

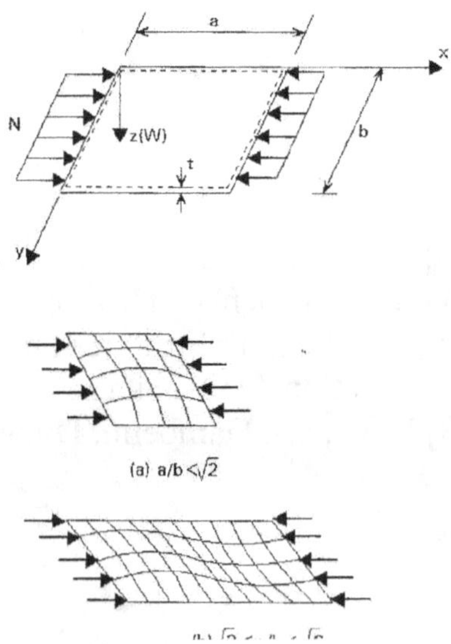

5. Plaque mince en compression, 2 modes [0]

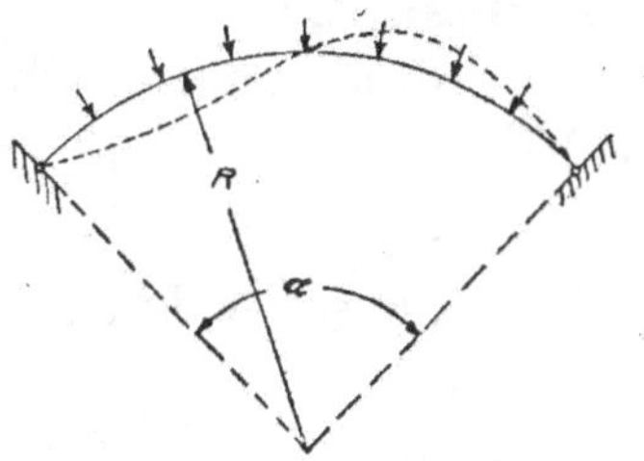

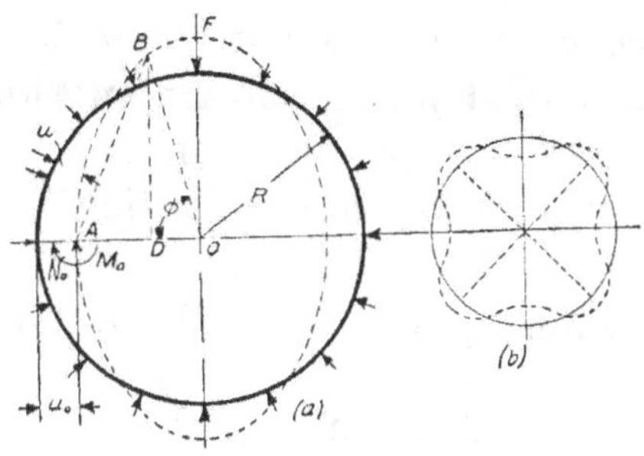

6. Arc sous pression extérieure avec liaisons rotules [1].

7 . Anneau ou tube sou pression extérieure [1].

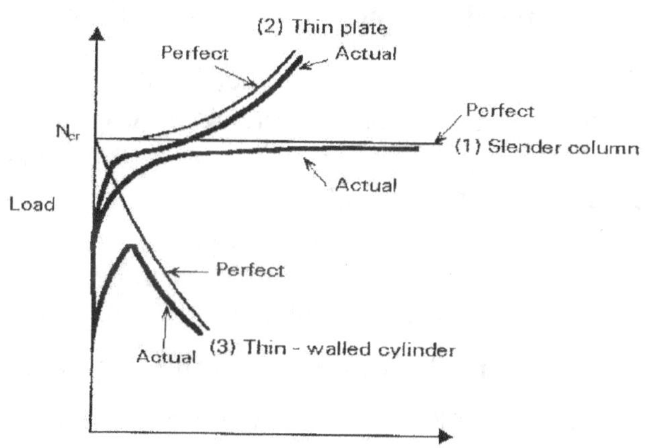

8. Comparaison de la déformation de 3 structures après la bifurcation (slender = élancé, thin = mince) avec et sans défauts géométriques [0].

Annexe 2.
Théorème de la borne supérieure de l'énergie potentielle d'un champ de déplacement cinématiquement admissible.
On établit ici ce théorème dans le cas des évolutions réversibles linéaires, c'est-à-dire en élasticité linéaire [A2.1]

1°/. Energie potentielle $V(\vec{u})$ d'un domaine matériel Δ de surface extérieure S, soumis à des forces de volume $\vec{f}_{(M)}$ et à des actions surfaciques $\vec{T}_{(P,\vec{n})}$, et dans lequel le champ des déplacements est $\vec{U}_{(M)}$:

$$V(\vec{u}) = \int_{\Delta} w(\vec{u}).dv - \left(\int_{\Delta} \vec{f}_{(M)}.\overline{U}_{(M)}.dv + \int_{S} \vec{T}_{(P,\vec{n})}.\overline{U}_{(P)}.ds \right) \quad \text{(a)}$$

Dans le premier terme de droite $w = \frac{1}{2}.\left(\sigma_{ij}.\varepsilon_{ij}\right)$ est l'énergie de déformation par unité de volume, et les deux autres termes sont les énergies développées par les actions extérieures à Δ.

2°/. Champs de déplacements ;
$\vec{U}_{(M)}$ champ de déplacements réel (inconnu)
$\vec{U}_{adm(M)}$: champ de déplacements cinématiquement admissible dans Δ, continu et continument dérivable, qui vérifie les conditions à la frontière S $\vec{U}^*_{(M)}$: champ virtuel qui représente l'écart

$$\vec{U}^*_{(M)} = \vec{U}_{(M)} - \vec{U}_{adm(M)} \quad \text{(b)}$$

On en déduit la relation entre les taux de déformation linéarisés :

$$\varepsilon^*_{ij} = \varepsilon_{ij} - \varepsilon_{ijadm} \quad \text{(c)}$$

Dans la méthode de l'énergie potentielle, on cherche à approcher le champ réel en choisissant un champ cinématiquement admissible pour calculer $V(u_{adm})$.

Dans ce calcul $w_{(uadm)} = \frac{1}{2}.\left(\sigma_{ij(uadm)}.\varepsilon_{ij(uadm)}\right)$ c'est-à-dire que les

ε sont calculés à partir de $\vec{U}_{adm(M)}$ et que les σ sont calculés à partir de ces ε par la loi de comportement.

3°/. Propriétés de *w*.

L'énergie volumique de déformation $w = \frac{1}{2}.\left(\sigma_{ij}.\varepsilon_{ij}\right)$ est une forme quadratique en σ_{ij} et ε_{ij}, ou en σ_{ij}, ou en ε_{ij} , positive.

A toute forme $w(\overline{\overline{\varepsilon}})$ on associe une forme bilinéaire symétrique $\overline{w}(\overline{\overline{\varepsilon}},\overline{\overline{\varepsilon}})$ qui lui est égale, ou une autre forme $\overline{w}(\overline{\overline{\varepsilon}},\overline{\overline{\varepsilon}}^{*})$.

Par exemple, en élasticité linéaire, elle s'écrit :

$$w(\overline{\overline{\varepsilon}}) = \overline{w}(\overline{\overline{\varepsilon}},\overline{\overline{\varepsilon}}) = \frac{1}{2}.\left(2\mu.\varepsilon_{ij}\varepsilon_{ij} + \lambda(\varepsilon_{kk})^2\right) \qquad \text{(d)}$$

… et aussi
$$\overline{w}(\overline{\overline{\varepsilon}},\overline{\overline{\varepsilon}}^{*}) = \frac{1}{2}.\left(2\mu.\varepsilon_{ij}\varepsilon_{ij}{}^{*} + \lambda.\varepsilon_{kk}.\varepsilon_{kk}{}^{*}\right) \qquad \text{(e)}$$

L'intérêt de cette définition apparaît dans les développements suivants.

D'autre part, avec la relation (c)

$$\overline{w}(\overline{\overline{\varepsilon}},\overline{\overline{\varepsilon}}^{*}) = \overline{w}(\overline{\overline{\varepsilon}},\overline{\overline{\varepsilon}}) - \overline{w}(\overline{\overline{\varepsilon}},\overline{\overline{\varepsilon}}_{adm})$$

$$\overline{w}(\overline{\overline{\varepsilon}},\overline{\overline{\varepsilon}}^{*}) = w(\overline{\overline{\varepsilon}}) - \overline{w}(\overline{\overline{\varepsilon}},\overline{\overline{\varepsilon}}_{adm}) \qquad \text{(f)}$$

En utilisant la définition (d) et en développant les calculs, on obtient :

$$w(\overline{\overline{\varepsilon}} - \overline{\overline{\varepsilon}}_{adm}) = w(\overline{\overline{\varepsilon}}) + w(\overline{\overline{\varepsilon}}_{adm}) - 2.\overline{w}(\overline{\overline{\varepsilon}},\overline{\overline{\varepsilon}}_{adm}) \qquad \text{(g)}$$

En éliminant $\overline{w}(\overline{\overline{\varepsilon}},\overline{\overline{\varepsilon}}_{adm})$ entre (f) et (g), il vient

$$\overline{w}(\overline{\overline{\varepsilon}},\overline{\overline{\varepsilon}}^{*}) = \frac{1}{2}.\left(w(\overline{\overline{\varepsilon}}) - w(\overline{\overline{\varepsilon}}_{adm}) + w(\overline{\overline{\varepsilon -}},\overline{\overline{\varepsilon}}_{adm})\right) \qquad \text{(h)}$$

Et comme $w(\overline{\overline{\varepsilon -}},\overline{\overline{\varepsilon}}_{adm}) > 0$ (comme tout w) on en déduit l'inégalité cruciale :

$$\overline{w}(\overline{\overline{\varepsilon}},\overline{\overline{\varepsilon}}^{*}) \geq \frac{1}{2}.\left(w(\overline{\overline{\varepsilon}}) - w(\overline{\overline{\varepsilon}}_{adm})\right) \qquad \text{(i)}$$

soit
$$\sigma_{ij}.\varepsilon_{ij}^{*} \geq \frac{1}{2}.\left(\sigma_{ij}.\varepsilon_{ij} - \sigma_{ijadm}.\varepsilon_{ijadm}\right) \qquad \text{(j)}$$

puis en sommant sur le domaine Δ :

$$\int_{\Delta}\sigma_{ij}.\varepsilon_{ij}^{*}.dv \geq \frac{1}{2}.\left(\int_{\Delta}\sigma_{ij}.\varepsilon_{ij}.dv - \int_{\Delta}\sigma_{ijadm}.\varepsilon_{ijadm}.dv\right) \qquad \text{(k)}$$

D'après le TTV (théorème des travaux virtuels) associé à $\vec{U}*_{(M)}$ dans le champ des contraintes réelles

$$2\int_{\Delta}\overline{w}(\overline{\overline{\varepsilon}},\overline{\overline{\varepsilon}}^{*}) = \int_{\Delta}\sigma_{ij}.\varepsilon_{ij}^{*}.dv = \int_{\Delta}\vec{f}_{(M)}.\vec{U}^{*}{}_{(M)}.dv + \int_{S}\vec{T}_{(P;\vec{n})}\vec{U}^{*}{}_{(P)}.ds \qquad \text{(l)}$$

En développant l'égalité de droite avec $\vec{U}*_{(M)} = \vec{U}_{(M)} - \vec{U}_{adm(M)}$ et $\varepsilon_{ij}^{*} = \varepsilon_{ij} - \varepsilon_{ijadm}$, on aboutit à :

$$\int_{\Delta}\vec{f}_{(M)}.\vec{U}_{(M)}.dv + \int_{S}\vec{T}_{(P;\vec{n})}\vec{U}_{(P)}.ds - \ldots$$
$$\int_{\Delta}\vec{f}_{(M)}.\vec{U}_{adm(M)}.dv - \int_{S}\vec{T}_{(P;\vec{n})}\vec{U}_{adm(P)}.ds \geq \ldots$$
$$\frac{1}{2}.\int_{\Delta}\sigma_{ij}.\varepsilon_{ij}.dv - \frac{1}{2}.\int_{\Delta}\sigma_{ijadm}.\varepsilon_{ijadm}.dv \qquad \text{(m)}$$

Soit en rangeant les termes autrement de façon à faire apparaître les énergies potentielles $V(\vec{U}_{réel})$ et $V(\vec{U}_{adm})$:

$$\frac{1}{2}.\int_{\Delta}\sigma_{ij}.\varepsilon_{ij}.dv - \int_{\Delta}\vec{f}_{(M)}.\vec{U}_{(M)}.dv - \int_{S}\vec{T}_{(P;\vec{n})}\vec{U}_{(P)}.ds \leq$$
$$\frac{1}{2}.\int_{\Delta}\sigma_{ijadm}.\varepsilon_{ijadm}.dv - \int_{\Delta}\vec{f}_{(M)}.\vec{U}_{adm(M)}.dv - \int_{S}\vec{T}_{(P;\vec{n})}\vec{U}_{adm(P)}.ds \qquad \text{(n)}$$

Soit enfin : $$V(\vec{U}_{réel}) \leq V(\vec{U}_{adm}) \qquad \text{(o)}$$

Parmi tous les champs cinématiquement admissibles, on dit aussi en généralisant parmi toutes les évolutions plausibles, le champ de déplacements réels est celui qui minimise l'énergie potentielle. Autrement dit, l'énergie potentielle d'un champ cinématiquement admissible est toujours une borne supérieure de l'énergie potentielle réelle ; pour choisir un champ cinématiquement admissible le plus proche possible du champ réel, il faut abaisser le plus possible la

valeur de l'énergie potentielle du champ admissible. La qualité de l'approche est en général satisfaisante.
Noter qu'il s'agit d'une borne supérieure de l'énergie potentielle et pas d'une borne supérieure de la charge appliquée, même si ces deux grandeurs sont dépendantes.

Dans le cas des évolutions irréversibles, en plasticité [A2.2], on part du principe du travail maximal, et on aboutit à la même propriété de l'énergie potentielle.
L'intérêt de ces développements mathématique est de montrer une propriété fondamentale et universelle de notre environnement, dont on pourrait s'inspirer dans certains milieux sociaux.

[A2.1] P. Germain, Mécanique des milieux continus, Masson.
[A2.2] R. Hill, The mathematical theory of plasticity, Clarendon Press, Oxford.

10. Effets des actions incitatrices

Il arrive qu'une population constituée de deux groupes d'éléments attachés, le plus souvent un groupe d'individus et ses valeurs socio culturelles, reçoive de son extérieur une action incitatrice et non autoritaire, sous la forme d'agitations des attachements établis, qui incitent à en changer. Que se passe-t-il dans de telles circonstances, la population va-t-elle accepter ce changement, va-t-elle rester indifférente, ou va-t-elle développer, en réaction, un rejet de ces incitations ?

Ces circonstances sont très répandues : c'est le cas de la proposition au public d'un nouveau spectacle, d'un nouveau produit, de toute campagne publicitaire, d'un programme politique, d'une série télé, etc. Quelles sont les grandeurs dans le milieu constitué d'une population et de ses valeurs qui sont sollicitées ? Pour aborder cette question, il faut se remettre en mémoire les grandeurs généralisées de la théorie des attachements, en particulier la « quantité de chaleur » notée Q ou ΔQ pour sa variation, et la « température » notée T.

ΔQ est une énergie porteuse d'agitation entre éléments attachés ; elle peut être l'énergie qui agite, qui remet en cause ou qui conforte des liens culturels, des mœurs, des valeurs, dans le milieu artistique, intellectuel, commercial, et qui se développe dans la population par diffusion de cette agitation. La température de ce milieu, T, est un indicateur de l'intensité de cette agitation (grandeur intensive) ; il ne s'agit pas toujours d'une agitation physique des individus, mais d'une agitation des liens avec leurs valeurs, qui se produit dans la tête des individus.

Comme toujours, on s'inspire de la thermodynamique classique des attachements dans la matière physique, pour aborder de telles questions [1]. Il ne s'agit pas ici de faire une sorte de bilan énergétique du milieu ainsi sollicité pour entrevoir si des attachements vont se défaire ou se reformer, ce que permet le premier principe généralisé de la thermo. Il s'agit plutôt d'entrevoir ce qui va résulter du jeu d'influences entre le milieu et son extérieur et quel va être le sens d'une évolution. Pour cela, c'est le second principe généralisé de la thermo, avec la notion d'entropie, qui peut fournir une source d'inspiration.

I. ENTROPIE ET DEUXIEME PRINCIPE DE LA THERMODYNAMIQUE

On dit que le premier principe exprime la conservation de l'énergie d'un système, et que le deuxième principe exprime le sens de son évolution dans le temps (la « flèche du temps »).
Avec le 2ème principe, il est nécessaire de préciser certaines caractéristiques du système considéré. Il faut distinguer les systèmes fermés, c'est-à-dire capables d'échanger avec leur extérieur de la chaleur et du travail, mais pas de matière, ou au contraire ouverts. Les systèmes dits isolés n'échangent ni chaleur, ni travail, ni matière avec leur extérieur. Il faut aussi distinguer les évolutions ou transformations réversibles ou au contraire irréversibles (voir paragraphe 2ème principe).
Il faut toujours considérer à la fois le système et son extérieur.
Dans la suite, on affecte l'indice s pour le système étudié, c'est-à-dire la population d'individus et ses valeurs, et e pour son extérieur.
Ce deuxième principe introduit la grandeur entropie.

I. 1. Entropie.

L'entropie d'un domaine de matière physique ou de matière généralisée, notée S, est une grandeur extensive qui décrit le foisonnement, le grand nombre de configurations ou de complexions entre éléments attachés ou non de ce domaine. Dans certains cas, il est préférable de considérer que S est en rapport avec le nombre de configurations possibles des attachements du système, noté w, plutôt que de considérer que S représente l'ordre ou le désordre entre ces éléments, car cette notion est très subjective et pas toujours neutre (lorsque le désordre croit, il devient la règle c'est-à-dire l'ordre contraire). Les

termes ordre ou désordre ne devraient s'utiliser que lorsque cette subjectivité est absente chez tous les observateurs.
La variation d'entropie *ΔS* d'un milieu est en relation avec la quantité d'agitation qu'il échange avec son extérieur, noté *ΔQ*, ou δQ pour une évolution infinitésimale. Des considérations physiciennes ont abouti à la définition suivante de l'accroissement infinitésimal de l'entropie $dS = \delta Q/T$ avec pour *Q* un suffixe *rev* ou *irrev* caractérisant la transformation réversible ou irréversible, *T* étant la température du milieu lors de ces variations.

L'unité de S est le $J.K^{-1}$. Un incrément d'énergie d'agitation $\delta Q = 1$ J introduit dans un milieu à 300 K ou à 1000 K, engendre un incrément d'entropie respectivement égal à 1/300 ou 1/1000 $J.K^{-1}$, environ 3 fois plus faible : la variation du nombre de configurations n'est pas uniquement proportionnel à la quantité d'agitation apportée, elle est pondérée par le niveau d'agitation initial représenté par *T*.

I. 2. Deuxième principe.
Il est nécessaire de définir les termes réversible et irréversible concernant les évolutions. Toutes les évolutions réelles sont irréversibles. Elles s'accompagnent toujours d'une perte d'énergie au niveau des attachements entre individus et leurs valeurs, ou, en physique des solides, au niveau des contacts entre les corps en mouvement relatif, même très faible. Cette perte est due à des phénomènes de frottement, et plus généralement des phénomènes dissipatifs, qui dissipent sous forme de chaleur une part de l'énergie qui les envahit, cette part étant perdue dans l'environnement.

Une évolution réversible, irréelle, idéale, serait une évolution qui pourrait se dérouler en changeant le sens du temps, comme dans un film qui se déroulerait à l'envers. Elle correspondrait aux cas limites où la dissipation est négligeable. Par exemple, si une balle très élastique rebondissait verticalement sur un sol très dur, toujours à la même hauteur, le film passé à l'endroit et à l'envers serait le même, ce phénomène des rebonds serait réversible ; mais dans la réalité il n'en est rien, la hauteur des rebonds diminue dans le temps à cause du frottement lors de l'écrasement élastique de la balle sur le sol, ce qui dissipe de l'énergie, et rend ce phénomène irréversible.

Enoncé du 2ème principe :

L'entropie globale de l'ensemble isolé {s+e} ne se conserve que si l'évolution est réversible, sinon, elle augmente inévitablement dans le temps.

Dans toute transformation irréversible (donc réelle) de l'ensemble isolé {s+e}, $\Delta S_{global} > 0$ c'est-à-dire que l'entropie de {s + e} ne peut qu'augmenter indéfiniment.

Ceci s'écrit : $\Delta S_{globale} = \Delta S_{créée} = \Delta S_s + \Delta S_e > 0$, si l'évolution est irréversible.

Dans une transformation réversible, tout système qui accroit son entropie la prend à un système voisin ou à son extérieur, afin que globalement : $\Delta S_{global} = 0$

soit $\Delta S_{globale} = \Delta S_{créée} = \Delta S_s + \Delta S_e = 0$ si l'évolution est réversible

Ces deux règles constituent le second principe (ou loi) de la thermodynamique:

Le deuxième principe est dit principe (ou loi) d'évolution car il conditionne, dans le temps, le sens d'une évolution qui doit respecter cette augmentation de l'entropie globale (avec le temps, la hauteur des rebonds de la balle sur le sol diminue, et pas le contraire).

Cette règle annonce également qu'il existe une sorte de « communication » entre un système et son extérieur, leurs variations d'entropie devant s'accorder pour que globalement, leur somme soit positive. Cette remarque souligne la nécessité de toujours considérer le système et son extérieur.

Une diminution d'entropie du système seul est néanmoins possible à condition que l'extérieur augmente la sienne pour compenser cette diminution, afin que pour {s+e}, $\Delta S_{global} > 0$.

Dans une transformation irréversible, si s reçoit (ou cède) la quantité d'agitation ΔQ_{irrev}, alors e cède (ou reçoit) la quantité $-\Delta Q_{irrev}$, et on a alors $\Delta S_e = -\Delta Q_{irrev}/T$.

Avec $\Delta S_s + \Delta S_e > 0$, on en déduit $\Delta S_s > \Delta Q_{irrev}/T$ si l'évolution est irréversible. Si elle est réversible, on a $\Delta S_s = \Delta Q_{rev}/T$.

II. EXEMPLES ISSUS DE LA PHYSIQUE

• Un récipient contenant de l'eau à 20°C est placé à l'air libre à -3°C (270°K). L'eau va se refroidir puis geler à 0°C (273°K). La température de l'air ambiant n'est pas affectée par la présence du récipient d'eau, elle reste à -3°K. Le système s est ici le récipient et son contenu, et l'extérieur e est l'air ambiant. Le changement de phase de l'eau en glace se produit à 0°C, température qui reste constante tant que la totalité de l'eau n'est pas transformée en glace. La chaleur latente de solidification de l'eau est notée L_{solid}, elle est cédée du système à l'extérieur.

Il faut adopter des notations précises pour ΔS et ΔQ : $\Delta S_i = \Delta Q_{j \to i} / T_i$, $\Delta Q_{j \to i}$ désignant la quantité de chaleur communiquée de *j* à *i*.

A 0°C dans le récipient, les quantités de chaleur échangées sont

syst. s = eau + glace à 0°C

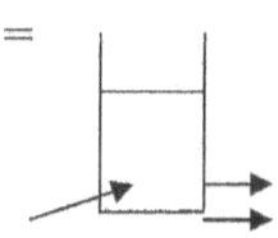

extérieur e = air libre à -3°C

flux de chaleur $\Delta Q_{e \to s} < 0$

$\Delta Q_{e \to s} < 0$ noté L_{solid}

$\Delta Q_{s \to e} > 0$ noté $-L_{solid}$

Le flux de chaleur entre s et e est tel que s perd de la chaleur, au profit de e , il est sortant de s, et d'après la convention de signe pour les échanges de chaleur, il est négatif : $\Delta Q_{e \to s} < 0$.

La chaleur latente de solidification étant par définition négative, on note $\Delta Q_{e \to s} = L_{solid}$.

Les variations d'entropie sont

$$\Delta S_s = \Delta Q_{e \to s} / T_s = L_{solid} / 273$$

$$\text{et} \quad \Delta S_e = \Delta Q_{s \to e} / T_e = - L_{solid} / 270$$

Pour l'ensemble {s+e} : $\Delta S_{global} = +L_{solid}.(1/273 - 1/270)$

Le signe de ΔS_{global} est donc bien positif, conformément au second principe, ce qui confirme que l'évolution se produit bien dans le sens décrit ci-dessus.

• Dans le cas où le système est le récipient contenant de la glace à -10°C et où l'extérieur est l'air ambiant à 10°C (283°K), la glace va fondre à 0°C (273°K) et l'air ambiant va demeurer à 10°C. La chaleur latente de fusion est L_{fus}, positive, reçue par le système, de la part de l'extérieur. $\Delta Q_{e \to s} = L_{fus} = -\Delta Q_{s \to e}$

Le bilan entropique est $\Delta S_{global} = \Delta S_s + \Delta S_e$

Soit $\Delta S_{global} = \Delta Q_{e \to s} / T_s + \Delta Q_{s \to e} / T_e$

$$\Delta S_{global} = L_{fus}.(1/T_s - 1/T_e) = L_{fus}.(1/273 - 1/283)$$

...qui est bien positive. Le second principe est respecté, l'évolution a bien lieu dans le sens décrit ci-dessus.

• Dans ces deux exemples, la variation ΔS_{global} se produit à une température précise qui est celle du changement de phase. Dans les cas où l'eau du récipient ne fait que se refroidir ou se réchauffer entre 5 et 30°C par exemple, les ΔQ s'expriment avec la chaleur massique à pression constante : $\Delta Q = C_p.\Delta T$.

Dans ces exemples de la physique, il est facile de déterminer le signe des échanges de chaleur ΔQ et l'importance relative des températures T_s et T_e.

Dans des domaines généralisés, cette perception est souvent plus délicate et les échanges d'agitation peuvent donner lieu à différents scénarios.

III. EXEMPLES DANS LES MATIERES GENERALISEES

Il faut considérer ici les grandeurs généralisées ΔQ et T. [1]

• Considérons l'exemple d'une bibliothèque qui est en grand désordre, les livres et les revues étant rangés de manière fantaisiste et aléatoire. Le système considéré, noté s, est constitué des livres et de leur emplacement dans les rayons ; il est isolé. L'extérieur, noté e, est constitué des organisateurs du classement (personnel, logiciel, etc).
s = {livres+emplacements} e ={les organisateurs du classement}.
La transformation de remise en ordre est irréversible.

Le milieu le plus ordonné, présentant le plus faible nombre de configurations, est e. L'agitation, c'est-à-dire le nombre de configurations, est plus grande dans s , donc le flux d'agitation (ou de désordre) va de s vers e, soit $\Delta Q_{s \to e} > 0$ et par conséquent $\Delta Q_{e \to s} < 0$. On discerne facilement l'importance relative des températures : $T_e < T_s$ soit $1/T_e > 1/T_s$.
Les variations d'entropie sont les suivantes :

$$\Delta S_e = \Delta Q_{s \to e} / T_e \qquad \Delta S_s = \Delta Q_{e \to s} / T_s$$

$$\Delta S_{global} = \Delta S_s + \Delta S_e$$

$$\Delta S_{global} = \Delta Q_{s \to e} . (1/T_e - 1/T_s)$$

ΔS_{global} étant positive, le sens de l'évolution est en accord avec le second principe, elle va résulter de l'action de l'extérieur, le rangement va s'imposer. Elle serait contraire (le désordre persisterait) si $\Delta Q_{s \to e}$ était négatif ce qui traduirait une faiblesse des organisateurs, ne parvenant pas à rétablir l'ordre dans le rangement, et dominés par l'état de désordre.

- Exemple de la construction d'une école.

Partant de l'instant où la décision de la construction est prise, il faut trouver un terrain, des voies d'accès, un financement, etc.
Il y a deux acteurs dans ce projet, désignés par système et extérieur, (que l'on pourrait appeler système 1 et système 2).
Système s = {bâtiments+voirie+personnel+enfants et parents}.
Extérieur e = {la commune + le département}.
Ces deux acteurs veulent faire aboutir leur projet, et chacun présente une belle volonté, une forte motivation représentée par sa température T, afin de convaincre l'autre, et chacun présente aussi un foisonnement d'idées, de détails, d'arrangements, de configurations envisagées entre les objectifs à atteindre et les moyens pour y parvenir, représentés par l'énergie ΔQ de leurs arguments. Le fait qu'un acteur s ou e soit « ordonné » signifie ici que le nombre de ses configurations envisagées est réduit, et l'échange d'énergie provenant du nombre et de la force de ses arguments, va être en sa défaveur. En général, l'acteur qui produit le flux d'arguments ΔQ le plus élevé, est

aussi celui dont la motivation c'est-à-dire la température est la plus élevée.
1er cas : e présente des arguments plus nombreux et plus forts que s, et sa motivation est la plus grande. Autrement dit s est ordonné et e est moins ordonné. Donc $\Delta Q_{e \to s} > 0$, $T_e > T_s$, $1/T_e < 1/T_s$, et

$$\Delta S_{global} = \Delta Q_{s \to e} / T_e + \Delta Q_{e \to s} / T_s = \Delta Q_{e \to s}.(1/T_s - 1/T_e)$$

est positif.
L'évolution qui résulte de cette confrontation d'arguments est dans le sens prévu, c'est e qui s'impose.
2ème cas : les rôles sont inversés, autrement dit, s est désordonné et e est ordonné
Donc $\Delta Q_{e \to s} < 0$, $T_e < T_s$, $1/T_e > 1/T_s$
et $\Delta S_{global} = \Delta Q_{e \to s}.(1/T_s - 1/T_e)$ qui est encore positif.
L'évolution est telle que c'est s qui s'impose.
Ces résultats ne sont pas contradictoires, car c'est tout naturellement l'acteur qui présente le plus grand nombre d'arguments et la plus forte motivation qui s'impose.

• Considérons un village paisible qui va voir s'installer un spectacle ambulant, comme un cirque par exemple. Le système s est constitué des villageois et de leurs valeurs, et l'extérieur e est le spectacle du cirque. Le spectacle cherche à étonner, à surprendre, avec ses acrobates, ses fauves, ses magiciens qui coupent une jeune femme en rondelles …etc. Les attachements entre les villageois et leurs valeurs quotidiennes sont sollicités, certains peuvent disparaître, d'autres peuvent se construire.
Le flux d'agitation de ces attachements est $\Delta Q_{e \to s} > 0$ (*) donc $\Delta Q_{s \to e} < 0$.
Avec $T_e > T_s$, la variation globale d'entropie est

$$\Delta S_{global} = \Delta Q_{e \to s}.(1/T_s - 1/T_e) \text{, positive.}$$

Les villageois sont conquis, ils ont bien reçu le flux d'agitation provenant du spectacle, et le cirque pourra donner d'autres représentations.
Mais (*) si le spectacle sollicite défavorablement leurs attachements à leurs valeurs, ils développent une énergie $\Delta Q'_{s \to e} > 0$ faite de

critiques, de contestations, de refus, et cela se manifeste avec une motivation plus forte : $T_s > T_e$. Dans ce cas, $\Delta S_{global} = \Delta Q_{s \to e}.(1/T_e - 1/T_s)$ qui et positif, conformément au second principe, ce qui signifie que le spectacle n'aura pas lieu.

A chaque apparition d'une source d'agitation ΔQ, il faut se demander quels sont les attachements qui sont sollicités chez les individus, afin de prévoir si $\Delta Q_{e \to s} > 0$ peut provoquer une réaction de refus $\Delta Q'_{s \to e} > 0$. En fait, il y a souvent superposition de deux ΔQ, l'un, positif provenant de l'extérieur, et l'autre, par réaction, positif également provenant du système. La combinaison de ces deux sources d'influences a un sens, la quantité d'énergie d'agitation la plus importante l'emporte et détermine le sens de l'évolution. Les températures T_s et T_e, indicateurs des degrés d'agitation dans e et s, sont toujours dans le même ordre d'intensités que les ΔQ provenant de e ou s.

• Considérons le cas d'un concert, spectacle payant où se rend un public qui, a priori, est réceptif et connaisseur. Un concert est un spectacle essentiellement sonore mais aussi visuel par l'apparence des musiciens et par l'ambiance de la salle (le prix des places et la facilité d'accès, le confort des sièges sont considérés secondaires). L'agitation provoquée par le concert sur les auditeurs concerne les sensibilités des individus, c'est-à-dire la force de leurs attachements à leurs valeurs dans ce domaine. Ce que perçoivent les spectateurs peut, comme souvent, être considéré comme la superposition de plusieurs sources d'agitation de ces sensibilités, ΔQ_{sonore} et ΔQ_{salle}, chacune pouvant, en fin de spectacle, entraîner un sentiment d'adhésion ou au contraire une réprobation. Dans le cas où ces sentiments sont contraires, « à l'intérieur » de chaque individu, il se produit une confrontation dont la résultante est alors indéterminée.
Ce phénomène dans lequel, à partir d'une unique source d'agitation provenant de l'extérieur au milieu, celle-ci se divise en de multiples sources affectant différents sous-ensembles de ce milieu, n'a pas d'équivalent dans les matières physiques.

Le « spectacle » c'est-à-dire la source d'agitation des attachements, peut revêtir des formes très variées ; ce peut être une publicité, un produit nouveau, un programme politique, une doctrine religieuse, etc.

IV. ANALYSE GENERALE DES MECANISMES DE TRANSFERT D'AGITATION

IV.1. Au niveau macroscopique.

Quels sont les modes de propagation d'une agitation des attachements dans une matière généralisée ? Il existe trois modes de transferts thermiques dans la matière physique [3]. Peuvent-ils fournir de bonnes inspirations ?

La conduction est un mode d'échange de chaleur au sein d'un même matériau, solide, liquide ou gazeux, sans mouvement de matière, complètement statique. Les zones chaudes cèdent de la chaleur aux zones froides, comme l'extrémité chauffée d'une barre répand sa chaleur jusqu'à l'autre extrémité. Dans une zone chaude, les « particules » (électrons ou ions) ont une vitesse d'agitation élevée, leur énergie cinétique est élevée, elle se transmet par chocs vers les voisins où l'agitation (donc, par définition, la température) est plus faible. C'est le cas du manche métallique d'une casserole d'eau bouillante qui devient brûlant.
La convection est un processus d'échange thermique entre une paroi solide et un fluide (gaz, liquide) qui l'entoure. Ce fluide se met en mouvement à cause de la différence de masse volumique à chaud, près de la paroi, et à froid, et « emporte » de la chaleur par ce courant de convection. La convection peut être forcée grâce à une pompe ou à un ventilateur, ou naturelle (ou libre). Le cas d'un rideau situé au dessus d'un radiateur domestique, qui se met en léger mouvement, témoigne de l'existence d'un courant de convection libre.
Le rayonnement est un mode de transfert de chaleur dans tout milieu matériel, et aussi dans le vide, comme le rayonnement du soleil qui réchauffe la terre. L'énergie véhiculée par ce mode est de nature électromagnétique, et elle se transforme partiellement en énergie thermique dans un corps récepteur. Tout corps émet des particules (phonons) qui se déplacent dans toutes les directions à la vitesse de la lumière, porteurs d'une énergie qui dépend de leur longueur d'onde.

Tout corps est à la fois récepteur et émetteur de rayonnement, et il existe un rayonnement à toute température.

L'adaptation des trois modes de transferts thermiques de la matière physique aux matières généralisées présente de très grosses difficultés en ce qui concerne la convection et le rayonnement, car elle met en jeu des phénomènes qui n'ont pas d'équivalent dans les matières généralisées.
Dans le cas de la conduction, des réserves s'imposent. En effet, dans la matière physique, une émission d'énergie ΔQ de la source chaude, qui se répand dans un milieu, peut être freinée ou bloquée dans sa progression par une partie isolante de ce milieu, mais elle ne provoque jamais l'apparition d'une source d'énergie résistante ou antagoniste comme dans les exemples précédents. Par conséquent, le parallèle entre la matière physique et la matière généralisée a des limites.

La loi de Fourrier définissant un flux de chaleur $\vec{q} = -k.\overrightarrow{gradT}$, en $J.m^{-2}.s^{-1}$ en physique, a par contre un sens dans les deux domaines. Pour un même gradient de température, plus k est élevé, plus le matériau est conducteur de la chaleur. Cette loi est illustrée Fig.1.

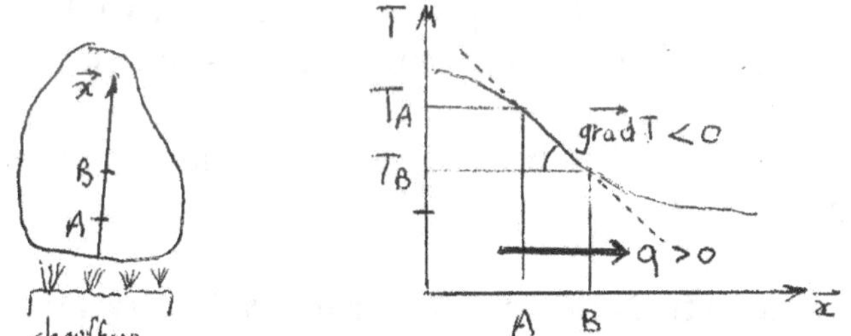

Fig. 1. Illustration de la loi de Fourrier.

Considérons l'exemple d'une catastrophe (incendie, inondation, tremblement de terre, fermeture d'usine, etc) qui a lieu dans une zone géographique bien localisée. La population voit l'agitation entre les individus et leurs valeurs, donc sa température, augmenter, d'autant plus qu'elle est proche de la source de désordres (de l'épicentre).
Il existe un gradient d'agitation lorsqu'on s'éloigne de cette zone : $T_A > T_B$, le gradient est négatif lorsqu'on va de A vers B ; l'agitation chez les individus se répand des zones les plus touchées

(les plus agitées) A vers les zones moins touchées B. Le « flux » d'agitation $\vec{q}$ est donc de signe contraire à $\overrightarrow{gradT}$.

IV.2. Conductivité au niveau microscopique.

Le coefficient k (noté aussi λ) de la loi de Fourrier est le coefficient de conductivité (ou de conductibilité) thermique, relatif à la matière considérée, et plus précisément aux liaisons internes (aux attachements) à cette matière [2]. Dans les métaux, les électrons sont en partie libres de s'agiter autour de leur atome ou en passant d'un atome à l'autre. Sous l'effet de l'agitation thermique, ces électrons s'entre choquent, transmettant ainsi leur énergie cinétique à leurs voisins des zones plus froides ; ils se comportent, en fonction de la température, comme les atomes d'un gaz parfait. Dans les matériaux à liaisons métalliques, le rôle des électrons fait que les conductivités électrique et thermique présentent une étonnante corrélation. Dans les matériaux à liaisons ioniques ou covalentes (sans électrons libres), la conduction thermique ne peut s'effectuer que par les vibrations des ions et des atomes qui se transmettent de proche en proche des zones chaudes vers les zones froides. Les vibrations des atomes dans les milieux organisés (structures périodiques, ordonnées, cristallines, comme les métaux) peuvent se développer plus facilement que dans les milieux non organisés (amorphes, comme le verre). La propagation des agitations est donc plus importante dans les milieux ordonnés que dans les milieux désordonnés.

La conductivité thermique k est donc en relation avec la nature des attachements du milieu.

IV.3. Autres caractéristiques des transferts d'agitation.

On a déjà défini la conductivité thermique k comme la capacité d'un milieu à conduire une quantité d'agitation (ou de la chaleur) qui est une énergie.

Pour le bois, k = 0,125 $W.m^{-1}.K^{-1}$, pour le cuivre à 20°C k = 390 $W.m^{-1}.K^{-1}$.

La résistance thermique de conduction plane R_C est utilisée dans le bâtiment : $R_C = e / k$ en $W^{-1}.K.m^2$, où e est l'épaisseur du mur et *k* sa conductivité.

• La capacité thermique massique du milieu, notée c, en $J.kg^{-1}.K^{-1}$. C'est la quantité d'énergie qui peut être stockée dans 1 kg de matière, lors d'un accroissement de température de cette matière de 1 °K.
Pour l'eau c = $4{,}2.10^3$ $J.kg^{-1}.K^{-1}$, pour l'aluminium à 20°C c = 900 $J.kg^{-1}.K^{-1}$.
• La capacité thermique volumique du milieu est définie par $\rho.c$ en $J.m^{-3}.K^{-1}$, où ρ est la masse volumique.

• La diffusivité thermique, notée D ou a ou α, est la capacité d'un milieu à transmettre une variation de température qui est une grandeur intensive.
$D = k/\rho.c$ (en $m^2.s^{-1}$) avec ρ masse volumique ($kg.m^{-3}$) et c capacité thermique massique du milieu ($J.kg^{-1}.K^{-1}$). La diffusivité ou diffusion d'une intensité d'agitation est proportionnelle à la conductibilité et inversement proportionnelle à la capacité thermique volumique; elle est le rapport entre l'énergie conduite dans le milieu et la capacité de ce milieu à stocker, à accumuler cette énergie.
Pourquoi dit-on qu'un D élevé correspond à une grande capacité à transmettre une élévation de température ? Imaginons un volume élémentaire dv dans un milieu qui reçoit, pour un gradient de température donné, une quantité d'agitation déterminée par k ; si dv présente une faible valeur de c, donc un D élevé, sa capacité à stocker l'énergie par °K va vite être saturée, et l'apport constant d'une agitation va augmenter sa température, et les volumes dv voisins vont connaître la même augmentation.
Pour le verre D = $3{,}8.10^{-7}$ $m^2.s^{-1}$ pour l'acier AISI à 20°C, D = 4.10^{-6} $m^2.s^{-1}$.

• L'effusivité thermique, notée E, est la capacité d'un milieu à échanger de l'énergie avec ses voisins. Elle croit avec la conductivité et avec la capacité thermique volumique.
$E = \sqrt{k.\rho.c}$ (en $J.K^{-1}.m^{-2}.s^{-1/2}$), et $E = \sqrt{D}.\rho.c$
Un milieu qui présente une grande capacité de stockage et une forte conductivité, va pouvoir échanger beaucoup d'énergie avec son environnement. Cette grandeur intervient dans la température à l'interface de deux corps en contact. C'est pourquoi on l'appelle aussi coefficient de partage superficiel (voir annexe)

Pour la pierre $E = 1{,}35.10^3\ J.K^{-1}.m^{-2}.s^{-1/2}$, pour le bois $E = 300\ J.K^{-1}.m^{-2}.s^{-1/2}$.

Exemples. Rôle de l'effusivité sur la température d'interface Ts au contact de 2 corps initialement à T_1 et T_2 ; voir formule (7) de l'annexe.

L'hiver, quelle est la température de l'interface entre la main nue et une rampe d'escalier en acier et une autre, à côté, en bois ?
Cas de l'acier à T_1= 280K (7°C), $E_1 = 13.10^3\ J.m^{-2}.K^{-1}.s^{-1/2}$, et pour la main T_2= 310K (37°C), $E_2 = 400\ J.m^{-2}.K^{-1}.s^{-1/2}$: on trouve Ts = 280,9K soit 7,9 °C.
Si la rampe est en bois $E'_1 = 400\ J.m^{-2}.K^{-1}.s^{-1/}$ on trouve T's = 301,5K soit 28,5°C. C'est le milieu qui présente la plus grande effusivité (l'acier) qui « pompe les calories » de la main le plus efficacement.

L'été, l'acier et le bois sont à 40°C, on trouve respectivement Ts = 312,9 K soit 39,9°C et T's = 311,5 K soit 38,5 °C. L'été, c'est le milieu qui présente la plus grande effusivité (l'acier) qui « donne des calories » à la main le plus efficacement.
Ces petits exemples montrent que l'effusivité conditionne la quantité d'énergie échangée entre deux corps, elle ne modifie pas la température de la rampe qui est, été comme hiver, la même pour l'acier et le bois. Ils montrent aussi combien il est difficile de distinguer au toucher température et quantité de chaleur échangée.

Ces caractéristiques montrent la complexité des transferts thermiques dans le domaine des matières physiques, et elles laissent entrevoir une complexité plus grande encore dans les matières généralisées. Quelques cas d'étude des échanges thermiques lors du contact surfacique de deux corps à des températures différentes, en physique, avec la méthode de calcul de la température à l'interface, la profondeur de pénétration de la chaleur dans les corps en contact, peuvent être des sources d'inspirations très intéressantes pour aborder les transferts d'agitation dans les milieux généralisés. Ces études simples sont détaillées en annexe.

IV.4. Apports de l'analyse physicienne d'un contact surfacique.
Le cas du contact surfacique statique entre deux milieux à des températures différentes est présenté en annexe. Il correspond à un transfert de chaleur par conduction, et il montre le rôle des grandeurs diffusion, capacité thermique volumique et effusivité.

La température de surface Ts, les profils de température dans les deux milieux en fonction du temps de contact et de la distance au contact appelée profondeur de pénétration e qui détermine la profondeur affectée par la mise en contact, et le flux de chaleur en fonction du temps sont calculés. La figure 2 rassemble ces résultats.

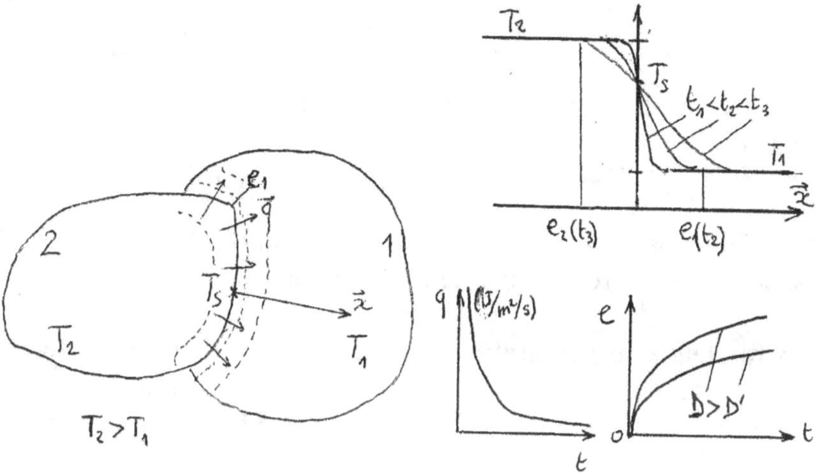

Fig.2. Principaux résultats d'un échange thermique par contact statique (t est le temps de contact).

Les enseignements de cette étude peuvent être adaptés aux matières généralisées qui échangent des quantités d'agitation par conduction. Ce sont les suivants :

* La température d'interface Ts est constante, elle est une sorte de moyenne des températures des deux milieux, pondérée par les effusivités E_1 et E_2.

$$T_S = \frac{E_1.T_1 + E_2.T_2}{E_1 + E_2} \qquad (7)$$

Remarques sur le positionnement de Ts par rapport à T_1 et T_2 : la relation (7) montre que si E_2 est grand devant E_1, et comme $T_2 > T_1$, on a $T_S \approx T_2$, et à l'inverse, si E_1 est grand, on a $T_S \approx T_1$; ces remarques peuvent également se voir sur l'écart $T_2 - T_S = E_1.(T_2 - T_1)/(E_1 + E_2)$ qui devient, si E_2 est grand, $T_2 - T_S \approx (T_2 - T_1)E_1./E_2 << (T_2 - T_1)$ ce qui montre que $T_S \approx T_2$.

Ceci est bien illustré dans l'exemple de la main sur une rampe en bois ou en acier au paragraphe IV.3.
L'effusivité a un rôle très important dans la distribution des températures ; rappelons qu'elle décrit la capacité du matériau à absorber (ou à céder) l'énergie thermique de (à) son voisin, plus elle est élevée, plus l'échange est efficace.

* Les profondeurs de pénétration de l'agitation (de la chaleur), notées e_1 et e_2, dépendent des diffusivités et varient comme $\sqrt{t}$ où t est le temps de contact.

$$e_1 = \sqrt{12.D_1.t} \qquad \text{et} \qquad e_2 = \sqrt{12.D_2.t} \qquad (9)$$

Cette profondeur croît très vite dès le contact établi puis cette croissance ralentit progressivement sans jamais s'annuler.

Les profondeurs de pénétration peuvent correspondre à une certaine fraction de la population affectée par la source d'agitation. Cette fraction croît avec la durée de l'action de cette source, et évidemment elle se trouve à proximité immédiate de cette source.

* Le flux d'agitation à l'interface, qui est une puissance surfacique (en $W.m^{-2}$), est proportionnel à la différence des températures des deux milieux, et varie comme $1/\sqrt{t}$, c'est-à-dire qu'il est « infini » dès le début du contact et décroit ensuite très rapidement et asymptotiquement vers 0. Le rôle des effusivités est plus complexe ; néanmoins, dans les cas extrêmes où E_2 (ou E_1) est grand, q est proportionnel à E_1 (ou E_2).

$$q = \frac{T_1 - T_2}{\sqrt{3}} . \left(\frac{E_1.E_2}{E_1 + E_2} \right) . \frac{1}{\sqrt{t}} \qquad (10)$$

IV.5. Adaptation de ces apports aux milieux généralisés.
La distinction indispensable entre quantité d'énergie d'agitation et intensité de l'agitation, présente quelques difficultés supplémentaires pour les milieux généralisés.
IV. 5.a. Adaptation de la conductivité thermique k en W/m/K. Cette unité n'est pas très parlante. La conductivité k d'un milieu conduit l'énergie d'agitation des attachements. D'après la loi de Fourrier que nous généralisons, elle relie d'une part une quantité d'agitation q

transmise par unité de temps et échangée à travers un échantillon de population (1 m^2) à la frontière du milieu, et d'autre part la façon dont l'intensité de l'agitation (la température) varie entre deux zones voisines de la population. Si la conductivité k de l'agitation est élevée, une faible quantité d'agitation q entraîne une faible variation de l'intensité d'agitation d'une zone à une autre, ce qui signifie que celle-ci est quasiment uniforme.

Exemple. Le lancement d'un nouveau téléphone se met en place par des affiches, des prospectus, des messages télévisés. Le grand public reçoit ces incitations qui remettent en cause les téléphones anciens, elles produisent une énergie qui affecte les attachements avec les vieux téléphones. Le flux d'énergie est défini par unité de temps (quelques jours) et est rapporté à un certain nombre conventionnel d'individus (par m^2). Mais tous les individus ne reçoivent pas ces messages publicitaires et l'incitation qui en découle ; ainsi, « dans les campagnes », l'agitation des idées provoquée par les nouveaux téléphones est très faible ou nulle. Il existe donc des zones où l'intensité d'agitation diffère, et on peut définir un gradient de cette intensité dans l'espace géographique ou dans l'espace socio-culturel ou professionnel. Les différences d'agitation (le gradient) seront d'autant plus faibles (la température sera d'autant plus uniforme) que la conductivité de la campagne publicitaire sera plus grande, permettant à cette agitation de se répandre. A l'inverse, si la conductivité est faible, les différences d'intensité d'agitation sont élevées.

IV. 5. b. Adaptation de la capacité thermique volumique $\rho.c$, en $J.m^{-3}.K^{-1}$. Dans les matières généralisées l'équivalent du m^3 est, par convention, une quantité d'éléments représentative, une centaine ou un millier d'éléments par exemple. $\rho.c$ est la quantité d'énergie d'agitation des attachements qui peut être introduite dans un tel échantillon, lors d'une variation élémentaire (par °K) de l'intensité de l'agitation.
Cette énergie résulte du produit de deux fluctuations : l'une due aux variations de la force des attachements (perte d'intérêt, remise en cause des attachements anciens, c'est-à-dire variation des valeurs qui habitent les individus), et l'autre due aux variations de positions plus ou moins importantes entre les individus et l'objet de leur attachement.

Exemple.
Une campagne publicitaire pour la décoration et le petit mobilier provoque de l'agitation entre les individus et la décoration de leur habitat. L'intensité de l'agitation est faite de la grande variété d'objets et d'idées de décorations qui suggère de nouveaux attachements.
L'énergie d'agitation est faite du pouvoir de séduction, d'attraction, c'est-à-dire de la force des attachements possibles, combinée à l'audace qui incite à bousculer les valeurs établies en matière de décoration, c'est-à-dire à l'écart entre décoration habituelle et décoration nouvelle. Pour un échantillon donné de la population, et pour un accroissement donné de l'intensité de l'agitation, la « capacité thermique » $\rho.c$ est égale à cette variation d'énergie. Si l'échantillon est constitué d'individus blasés, indifférents, sans intérêt pour la décoration, la force des attachements est très faible, donc la capacité thermique est faible. Si les individus sont avides de nouvelles décorations, elle est élevée.

IV. 5. c. Adaptation de l'effusivité E en $J/m^2/K/\sqrt{s}$. L'effusivité concerne les échanges d'énergie à l'interface de deux milieux. L'effusivité intervient dans l'intensité d'agitation à l'interface, elle indique la capacité d'un domaine à prendre ou à céder de l'énergie d'agitation à l'autre. Les exemples du paragraphe IV.3 (contact avec la main) peuvent facilement être généralisés.
Exemple :
Deux groupes de chercheurs se rencontrent dans un colloque pour échanger leurs expériences dans leur domaine, les voitures électriques par exemple. Les attachements ont lieu entre les chercheurs et les améliorations technologiques. Le groupe G2 est notoirement plus avancé, plus dynamique, plus motivé que le groupe G1. L'intensité de l'agitation des attachements chez G2 est plus importante que chez G1, c'est-à-dire que $T_2 > T_1$. L'énergie d'agitation est le produit de cette intensité par l'ampleur des améliorations des performances effectivement menées à bien, et G2 est détenteur de davantage d'énergie que G1. L'effusivité résulte ici de la qualité de la communication, de la générosité, de l'ouverture d'esprit dans les échanges.
Si, à l'interface des échanges entre G_2 et G_1, l'intensité des agitations due aux idées novatrices est bien partagée, et si E_2 est élevé, alors G_1

profite pleinement de l'intensité d'agitation que lui transmet G_2, c'est-à-dire que $T_{S\ \text{à l'interface}} \approx T_2$.
Si E_2 est faible, c'est-à-dire si G_2 est peu ouvert à la communication, l'échange à l'interface est médiocre, et G_1 ne va pas profiter de l'expérience de G_2, et on va avoir $T_S \approx T_1$.
Les températures, non pas en surface mais à l'intérieur des milieux auxquels appartiennent G_1 et G_2, mettent en jeu la conduction des idées novatrices et la capacité à les assimiler, paramètres pris en compte par la diffusivité D.

IV. 5. d. Adaptation de la diffusivité D en $m^2.s^{-1}$. Elle concerne la distribution des intensités d'agitation au sein d'un domaine donné, et en particulier, elle intervient dans la définition du volume de population frontalière affectée par l'agitation (la profondeur de pénétration). Ce volume de population croît avec D.
D est proportionnel à la conduction et inversement proportionnel à la capacité à stocker l'énergie d'agitation ; si la conduction est grande, et si le stockage par individu est limité, il faut qu'une population nombreuse participe à ce stockage, ce qui correspond à une profondeur de pénétration importante.
Exemple :
Diffusivité, c'est-à-dire aptitude à la diffusion, de la mode qui consiste à cultiver de petits arbres fruitiers sur les balcons des appartements. Les attachements ont lieu entre les habitants et ces cultures. Tout commence par des publicités de la part des pépiniéristes qui mettent en avant les plaisirs des petits travaux jardiniers, et les plaisirs de voir éclore et grandir les fruits (cerises, framboises, nectarines, etc.), et enfin les plaisirs de la dégustation. Tout ces petits plaisirs constituent l'attachement entre les habitants et leurs cultures. L'engouement, l'intensité de ces attachements, constituent l'intensité de l'agitation due à l'introduction de cette mode, c'est-à-dire la température du milieu habitants-cultures. L'énergie d'agitation dans les attachements est faite d'une part de leur force, conséquence des plaisirs en vue, qui incite un grand nombre d'individus à franchir le pas, à s'équiper, à cultiver, et d'autre part de la très grande variété des cultures adoptées et de leur abondance.
Cette campagne se caractérise par sa conductivité, qui conduit dans la population l'énergie des attachements. La population participe elle aussi à la diffusivité en adhérant facilement à cette mode, dès qu'elle y est incitée, c'est-à-dire que sa capacité thermique est faible. La

diffusivité, rapport de la conductivité sur la capacité thermique est donc forte. La « profondeur de pénétration » de cette mode dans la population va donc être élevée. Cette conclusion est bien en accord avec l'analyse physicienne précédente, et avec le bon sens.

V. CONCLUSIONS

La méthode qui consiste à s'inspirer des phénomènes thermodynamiques pour éclairer certains phénomènes sociaux nous est maintenant familière Les analogies qui apparaissent doivent toujours être considérées avec précaution, et nous incitent à comprendre plus profondément ces deux domaines, à approfondir les notions de température et de chaleur par exemple..

A un niveau global ou macroscopique des effets d'actions incitatrices sur un milieu d'éléments attachés, l'adaptation du second principe souligne la nécessité de considérer le système étudié et son extérieur, et cette procédure est pleine de bon sens à de multiples égards. Mais à ce niveau d'observation, des exemples ont montré que le parallèle entre socio et thermo avait ses limites en ce sens qu'une réaction antagoniste à un effet incitateur, bien connu dans les comportements humains, n'avait pas son pareil en thermo. Néanmoins, l'analyse suggérée par le second principe permet d'entrevoir le sens des évolutions réelles dans le temps.
L'adaptation des résultats de la physique aux matières généralisées est délicate, comme le montrent les exemples. C'est pourquoi il est nécessaire de pénétrer les problèmes posés en respectant certaines étapes. La première consiste à définir la matière généralisée en précisant les deux ensembles d'éléments attachés et leurs attachements qui vont être sollicités et qui vont s'agiter. Puis, il faut discerner l'intensité de l'agitation, T, et l'énergie d'agitation de ces attachements ΔQ ; cette dernière croit avec la force des attachements et avec l'amplitude des distensions entre l'individu et son élément, elle est donc le produit des deux. La force des attachements peut parfois s'estimer en euros, en la comparant à la force d'autres attachements obtenus en les payant ; par exemple, combien vaut mon attachement à mon sport ou à mon animal favori, sachant que mon attachement à mon groupe de danse me coûte 500 euros par an…

A un niveau microscopique, les mécanismes de transferts thermiques, et en particulier le mécanisme de conduction, le seul qui ait un sens dans les matières généralisées, mettent à jour des paramètres physiciens déterminants pour mieux comprendre ces transferts. L'adaptation de ces paramètres que sont la conductivité, la capacité thermique volumique, l'effusivité, la diffusivité, aux matières généralisées fait appel à davantage de questionnement et de jugement, comme le montrent les exemples. La quantification de ces grandeurs semble très difficile, mais il est probable que dans les bureaux d'études en communication et marketing, les spécialistes aient mis au point leurs paramètres mesurables, et que ceux-ci soient en relation avec les paramètres physiciens.
Pour adapter un domaine à l'autre, la nature profonde de ces grandeurs, la distinction très claire, toujours indispensable, entre température et énergie, sont des repères très utiles.
Ce chapitre « effets des actions incitatrices », met en lumière les parallèles très éclairants avec les échanges thermiques de la thermodynamique, et comme tous les autres, il montre l'intérêt de l'alliance entre sociologie et thermodynamique.

Bibliographie

[1] Gérard Allan, Théorie des Attachements. Sociologie et Thermodynamique, Editions Universitaires Européennes.
[2] Jean-Paul Bailon, Jean-Marie Dorlot, Des Matériaux, Presses Internationales Polytechniques.
[3] Dominique Marchio, Paul Reboux, Introduction aux Transferts Thermiques, Presses de l'Ecole des Mines.
[4] Frottement, lubrification, usure. Colloque ENSMP/CEMET Sophia Antipolis, Mai 1989, Eric Felder.

Annexe.

Thermique du contact statique entre deux domaines.

Calcul de la température d'interface, de la profondeur de pénétration [4].

Les deux domaines notés 1 er 2, sont mis en contact surfacique plan d'aire unité.

Les températures à t = 0 sont notées T_1 et T_2, uniformes dans leurs domaines, et dès la mise en contact, pour t > 0, elles sont fonction de la distance x du point considéré à l'interface. La température à l'interface, en x = 0 est notée T_S.

• Dans un premier temps, on n'étudie la distribution des températures que dans un seul domaine, $T_{1(x)}$ par exemple, l'étude pour l'autre s'en déduira. La solution exacte pour cette distribution est une expression lourde à manipuler, et on adopte une solution approchée d'excellente qualité en considérant une répartition parabolique. La profondeur qui est affectée par une variation de température dans le milieu 1 est notée e_1.

La continuité du flux de chaleur à la profondeur e_1 permet d'imposer

Pour $x \geq e_1$, $T_{.1(x)} = T_1$ (connue) et $\left(dT_{1(x)}/dx\right)_{x=e1} = 0$;

pour x =0, $T_{1(0)} = T_S$ (inconnue)

.

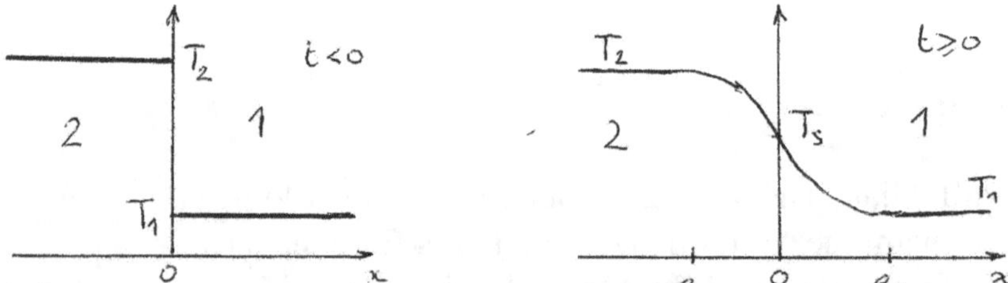

FIG. A.1. Répartition des températures avant et pendant le contact des milieux 1 et 2.

La fonction $T_{1(x)}$ dans la bande $0<x<e_1$ est donc approximée par:

$$T_{1(x)} = T_S + \left(T_S - T_1\right).\left((x - e_1)/e_1\right)^2 \qquad (1)$$

Afin de préparer le traitement des échanges entre les deux domaines, il est opportun d'établir certains résultats qui seront utilisés ci-après.
Le flux de chaleur traversant la surface x = 0 s'obtient avec la loi de Fourrier :

$$\vec{q}_{(x)} = -k.\overrightarrow{gradT}_{(x)} \text{ (en W.m}^{-2}\text{)}$$

soit $$\vec{q}_{(x=0)} = 2.k_1.(T_S - T_1)/e_1.\vec{x} \qquad (2)$$

Variation de l'énergie interne ΔU pour la bande complète d'épaisseur e_1 :

- pour une bande élémentaire d'épaisseur dx, la variation d'énergie interne correspond à une variation de sa température :

$$d(\Delta U_{(x)}) = \rho_1.c_1.d(\Delta T_{(x)}) = \rho_1.c_1.(T_{(x)} - T_1).dx$$

soit avec (1) $$d(\Delta U_{(x)}) = \rho_1.c_1.(T_S - T_1).((x - e_1)/e_1)^2.dx$$

- d'où ΔU pour la bande complète d'épaisseur e_1 :

$$\Delta U = \int_0^{e1} d(\Delta U_{(x)})$$

$$\Delta U = 1/3.\rho_1.c_1.(T_S - T_1).e_1 \qquad (3)$$

• Dans un deuxième temps, on peut maintenant traiter le problème de l'échange entre les deux domaines.

<u>Température de l'interface Ts.</u> (Fig. A.1 et A.2)
La continuité du flux de chaleur à travers l'interface entraîne, avec (2) :

$$2.k_1.(T_S - T_1)/e_1 = -2.k_2.(T_S - T_2)/e_2 \qquad (4)$$

De t = 0 à t, la chaleur s'est répandue dans les deux domaines, l'un a cédé de la chaleur, l'autre en a reçu, ce qui se traduit par

$$\Delta U_{1et2} = 0 \qquad \text{soit} \qquad \Delta U_1 = -\Delta U_2.$$

Soit avec (3)

$$\int_0^t q.dt = 1/3.\rho_1.c_1.(T_S - T_1).e_1 = -1/3.\rho_2.c_2.(T_S - T_2).e_2 \qquad (5)$$

En multipliant membre à membre (4) et (5), on élimine e_1 et e_2 :

$$k_1.\rho_1.c_1.(T_S - T_1)^2 = k_2.\rho_2.c_2.(T_S - T_2)^2 \qquad (6)$$

C'est ici qu'apparaît l'effusivité $E_i = \sqrt{k_i.\rho_i.c_i}$ et enfin l'expression de la température à l'interface

$$T_S = \frac{E_1.T_1 + E_2.T_2}{E_1 + E_2} \qquad (7)$$

On remarque que Ts est constant dès l'établissement du contact des deux domaines. Par contre, avec le temps, les profils paraboliques évoluent car les profondeurs de pénétration de la chaleur (de l'agitation) augmentent.

<u>Profondeur de pénétration e</u> (Fig. A1, A2 et A3)
Entre les instants t et t+dt, la relation (5) appliquée au domaine 1 qui voit la largeur de sa bande (sa profondeur de pénétration) varier de de_1, fournit

$$q.dt = 1/3.\rho_1.c_1.(T_S - T_1).de_1 \qquad (8)$$

Avec (2) $q = 2.k_1.(T_S - T_1)/e_1$ et l'expression (7) de Ts , il vient

$$e_1.de_1 = 6.(k_1/\rho_1.c_1).dt$$

puis $$e_1 = \sqrt{12.(k_1/\rho_1.c_1).t}$$

C'est ici qu'apparaît la diffusivité du milieu 1 : $D_1 = k_1/\rho_1.c_1$

$$e_1 = \sqrt{12.D_1.t} \qquad (9)$$

De même pour le milieu 2, la profondeur de pénétration est

$$e_2 = \sqrt{12.D_2.t}\ .$$

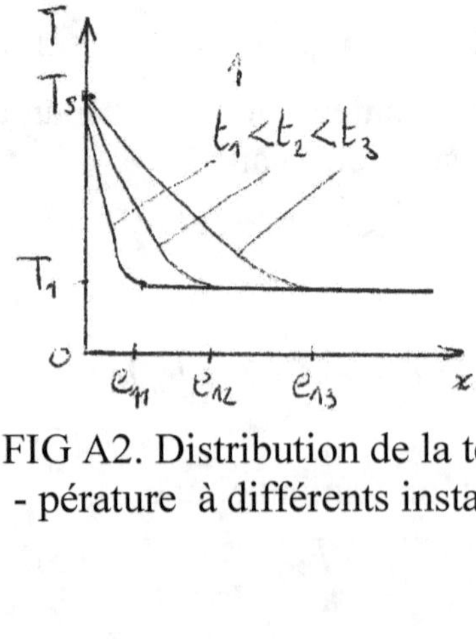

FIG A2. Distribution de la tem- - pérature à différents instants.

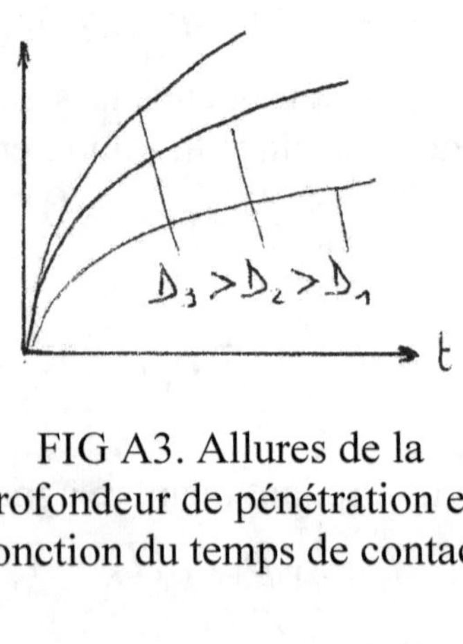

FIG A3. Allures de la profondeur de pénétration en fonction du temps de contact.

Enfin, un résultat intéressant est le flux ssurfacique de chaleur traversant l'interface en fonction du temps ; avec l'expression (2) de ce flux q et l'expression (7) de Ts ,

$$q_{(x=0)} = \frac{T_1 - T_2}{\sqrt{3}} \cdot \left(\frac{E_1 . E_2}{E_1 + E_2} \right) \cdot \frac{1}{\sqrt{t}} \qquad (10)$$

Rappels : les flux dont il est question dans cette annexe sont des flux de puissance à travers une surface plane de contact unité, en $W.m^{-2}$, et $E = \sqrt{k.\rho.c}$ est en $J.K^{-1}.m^{-2}.s^{-1/2}$.

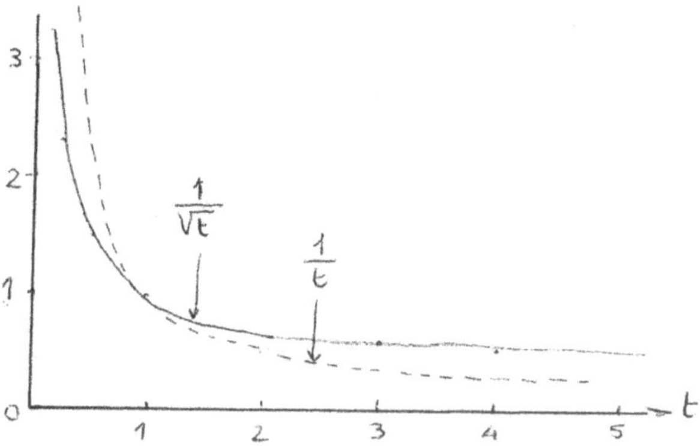

FIG.A.4. Allures comparées des fonctions $1/t^{1/2}$ et $1/t$.

En conclusion, les enseignements de ces petits calculs pour les milieux physiques ou généralisés sont les suivants :

* La température d'interface Ts est constante, elle est une sorte de moyenne des températures des deux milieux, pondérée par les effusivités E_1 et E_2. C'est pourquoi ces coefficients sont aussi appelés coefficients de partage superficiel.

* Les profondeurs de pénétration de l'agitation (de la chaleur) dépendent des diffusivités et varient comme la racine carrée du temps de contact.

* Le flux d'agitation en $W.m^{-2}$ est proportionnel à la différence des températures des deux milieux, et varie comme l'inverse de la racine carrée du temps de contact.

Le détail de ces calculs très simples, a l'avantage de révéler la façon dont les propriétés se combinent pour aboutir à ces résultats qui sont en bon accord avec la réalité physique. Il existe d'autres modèles de calcul dans le cas d'un contact dynamique avec résistance au glissement donc avec une source de chaleur à l'interface, mais leur adaptation aux matières généralisées ne correspond à rien de simple.

11. Annexe
Présentation abrégée de la théorie des attachements

1 Attachements…?

- Attachements <u>entre</u> 2 ensembles A et B d'éléments a_i et b_i en grand nombre ou entre représentants A_i de A et B_i de B
- Attachements A_i- B_i <u>par</u> mise en commun d'une partie de leurs entités
- Attachements <u>pour</u> accroître une « satisfaction » mutuelle

2 Évolutions, transformations, comportements... Comment discerner des règles de moyenne portée ?

Approche pluridisciplinaire

- Sociologie analytique: observations, analyses, recherche de mécanismes sociaux (enchaînement causal régulier) sans référence à des idéologies ni à des écoles de pensée
- Inspirée par la thermodynamique classique: grandeurs, concepts,... système explicatif très général des évolutions, des transformations, des comportements de toutes sortes de matières physiques

La thermodynamique s'applique aussi à la biologie et elle a inspiré des modèles explicatifs en économie.

3 Matière{A}: les franciliens {B}: leurs tenue vestimentaire

{A}

A1
a1 a5 a4 a2 a1 a9
a3 a5 a6 a7
....

A2
a15 a16 a19
a 11 a18 a12 a17
....

A3
a27 a23 a28 a22 a29 a24
a25 a21 a40 a32 a33 a37
....

A4
a77 a73 a55 a56 a57 a82 a102

A5
a230 a321 a256 a246 a225

A6 a100 a101

{B}

B1
b7 b9 b8 b1 b6 b4
b5 b2 b10 b13 b12
....

B2
b15 b19 b17 b14 b16
b11 b27 b25 b23
....

B3
b41 b47 b52 b57 b34
b38 b39 b45 b43 b50

4 A1:les commerciaux au travail A2: les adolescents
A3: les retraités du 16ème B2: costume-cravate

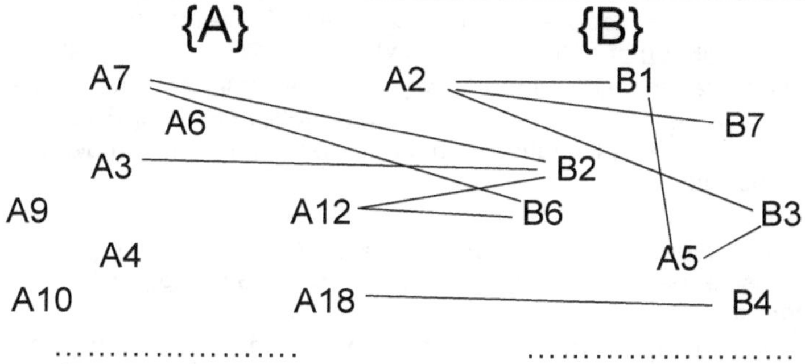

Règle de dualité:

Ai moteurs, initiateurs de l'attachement, leur action est intensive

Bj coopératifs, subissants cette action, ils la rendent extensive

5 DESCRIPTION D'UNE MATIERE GENERALISEE

- Espace d'une matière: domaine couvert par les configurations réelles et imaginables au cours des évolutions, décrites par certains critères en nombre nécessaire et suffisant (base de description)
- Positions relatives des éléments: décrites par les écarts des critères qui caractérisent les éléments
- Volume: sous ensemble de la matière, décrit, à un instant donné, par le nombre d'éléments, leurs positions relatives, le nbre d'attachements, leurs constitutions (% d'isolés, de couples, de triplets,...)
- Configuration d'un volume: c'est une photo à un instant donné des positions relatives réelles entre les Ai et les Bi
- Température ou vivacité d'un volume: agitations, fluctuations des position entre éléments liés ou non
- Pression subie par un volume: action autoritaire extérieure qui modifie l'amplitude des écarts de positions, donc le volume

6 Capacité d'adaptation du milieu pour réaliser des attachements: T.ΔS

- Dans un volume donné, la recherche d'attachements fait passer le nombre de configurations de w_1 à w_2.
- Cette variation se décrit par la variation d'entropie $\Delta S = k. \Delta \log(w)$
- La vitalité du milieu, notée T, favorise la réalisation d'attachements car elle trouve des solutions d'attachements dans l'ensemble des configurations

- Le produit de ces 2 grandeurs duales ΔS (extensive) et T (intensive) est une énergie. (le coeff. k rend ΔS homogène à une énergie)
- T.ΔS est l'énergie développée par la vitalité dans le champ des configurations possibles, c'est la capacité d'adaptation du milieu pour trouver des solutions d'attachements.

7 T.ΔS (suite)

- T.ΔS fournit des degrés de liberté au milieu pour que s'y réalisent des transformations avec une dépense d'énergie plus faible

  D'où une autre interprétation du terme « libre » dans enthalpie libre (H-T.S) et énergie libre (U-T.S)

- Origine de T.ΔS

  - flux d'agitation provenant du contact avec un volume extérieur de matière, qui se répand dans le volume considéré en augmentant la variété des positions relatives, donc le nombre de configurations; l'énergie échangée avec le voisin est apppelée chaleur, sa variation est notée ΔQ_e

  - si l'enva hissement de la chaleur apporte de nouvelles configurations sans modifier le nb de configurations antérieures, alors $T.\Delta S = \Delta Q_e$ sinon $T.\Delta S > \Delta Q_e$

8 Energie ou travail des actions autoritaires extérieures développées sur un volume: W

- Un travail réalise une modification de l'état d'une matière, c'est le produit d'une grandeur intensive qui est l'action, la cause, par une grandeur extensive duale qui est l'effet, c'est-à-dire l'ampleur des modifications

- Les actions extérieures au volume sont des exigences qui imposent avec une forte autorité ces modifications, ce sont des contraintes extérieures agissant à la frontière (notées Σ), qui induisent des contraintes intérieures au volume (notées σ)

9 TRAVAIL DES ACTIONS EXTERIEURES W(suite) 10

- Les modifications de l'état du volume V sont des déformations,(ε) résultant de ruptures (en nombre nrup) et des reconstructions (nrec) d'attachements
  εrup = nrup/ninit   εrec = nrec/ninit
  ε = εrup – εrec   ΔV/V = ninit – nfin   ou   ΔV/V = nrup – nrec   ΔV/V = ε

Les contraintes extérieures sont d'origine autoritaire de type effort ΣF ou/et sont incitatrices de type thermique ΣT .
Une pression extérieure p est une contrainte de type ΣF uniforme.
Les contraintes internes σ sont responsables des ruptures lorsque σ >0 *, et des reconstructions lorsque σ <0* (* et d'intensité suffisamment élevée)

Cas d'une action extérieure uniforme ΣF= -p, produisant une variation du volume ΔV → travail volumique: we = ΣF. ΔV/V
Cas des contraintes de cohésion σ → travail intérieurvolumique développé wi = σ.ε et si σ.ε est uniforme dans le volume V, alors Wi = - σ.ε.V

10 Energie interne aux attachements: U

- C'est une énergie capitalisée, stockée dans les attachements
- U est augmentée
  - par l'affinité des éléments attachés
  - par la vitalité T ,
  - par les défauts, les incohérences dans la structure des attachements → si des attachements sont établis dans des conditions contraignantes, U est d'autant plus augmentée que celles-ci sont élevées
- La nature profite des réarrangements possibles pour toujours minimiser U → structure plus stable, en équilibre

11 Principes de la thermodynamique dont on s'inspire

- Principe: postulat qui ne se démontre pas, qui est la première pierre du développement d'une théorie
- Thermodynamique: science de la matière sous toutes ses formes, qui régit les échanges d'énergie au niveau macro (industriel) mais aussi dans l'élaboration et les transformations de la matière au niveau des cohésions entre toutes sortes d'éléments (atomes, cristaux d'alliages, grains de poudres,...)
- 1er principe: $\Delta U = \Delta W + T. \Delta S$ (ici $\Delta Q_e \approx T. \Delta S$)
- 2ème principe: $\Delta S > 0$

12 Critères de réalisation des attachements forcés

- **Critère basé sur l'énergie interne U**
- U doit être supérieure à un seuil: $U > U_{mini}$ qui dépend du % d'attachements réalisés: $U_{min(50\%)} < U_{min(70\%)}$ et U_{mini} est bien évidemment relative à un pb donné
- U_{mini} ne dépend pas de la part de ΔW et de T.ΔS mais de leur somme (hypothèse)
- L'estimation de $U_{mini(\%)}$ est difficile
- Méthode expérimentale d'encadrement pour approcher une valeur seuil $U_{mini}(x\%)$

13 Critères de réalisation des attachements forcés (suite)

- **Critère basé sur la dépense mini d'énergie** avec la fonction de Gibbs G ou enthalpie libre, ou encore « satisfaction » de la dépense d'éner.
- Signification de G = H – T.S
  énergie pour rendre voisins les éléments, pour leur préserver un volume, pour les juxtaposer correctement et les attacher (H), diminuée de l'énergie développée par la motivation (T) dans le champ des configurations
  Quand G s'abaisse, la « satisfaction » augmente
- Signification de dG = V.dp – S.dT
  la variation d'énergie due à une variation de l'autorité (dp) sur l'ensemble des position (V), diminuée de l'énergie due à un accroisement de motivation (dT) dans le champ des configurations (S), peut dans certains cas, abaisser G, ce qui est « satisfaisant ».

Table des matières

Sciences
aux éditions L'Harmattan

Dernières parutions

BAROMÈTRES, MACHINES PNEUMATIQUES ET THERMOMÈTRES
Chez et autour de Pascal, d'Amontons et de Réaumur
Locqueneux Robert
Cet ouvrage présente à la fois une histoire et une anthologie des travaux de quelques physiciens qui ont conçu et fabriqué des baromètres, des machines à vide et des thermomètres, instruments qui, en leur temps (XVIe et XVIIIe siècles), furent des inventions nouvelles. Les travaux de trois auteurs sont privilégiés : Pascal, Amontons et Réaumur avec une remise en contexte de leurs ouvrages, des événements qui les motivent, des travaux qui les inspirent, des questions qu'ils se posent et des phénomènes qu'ils veulent interpréter.
(Coll. Acteurs de la Science, 21.00 euros, 204 p.)
ISBN : 978-2-343-04995-3, ISBN EBOOK : 978-2-336-37182-5

MILLE ANS D'ASTRONOMIE ET DE GÉOPHYSIQUE
D'Aristote au haut Moyen Âge
De Felice Pierre
Le ciel et la terre sont observés depuis la plus haute antiquité. Ne disposant pas d'instruments de mesure appropriés, les hommes proposent des explications incluant l'action divine ou s'en affranchissant. D'Aristote (IVe siècle avant J.-C.) jusqu'à Isidore de Séville (VIe-VIIe siècles après J.-C.), les auteurs grec, latin, médiéval ont compilé et décrit les connaissances de leur temps sur les astres, les phénomènes atmosphériques et géophysiques en tentant de démythifier le monde qui les entoure. Ce livre illustre aussi le difficile processus de naissance de la connaissance.
(Coll. Acteurs de la Science, 14.00 euros, 128 p., Illustré en noir et blanc)
ISBN : 978-2-343-03816-2, ISBN EBOOK : 978-2-336-36544-2

CE MONDE QUI VIENT
Sciences, matérialisme et posthumanisme au XXIe siècle
Basquiat Jean-Paul - Préface de Paul Basquiat
Le monde qui vient sera ce que nous en ferons. Encore faut-il avoir le courage de regarder l'avenir en face. C'est à cet effort salutaire que cet opuscule invite le lecteur. Appuyé sur les recherches les plus pointues, il propose de décrypter sous tous ses aspects le monde nouveau porté par l'évolution des sciences et des techniques.
(Coll. Questions contemporaines, 10.00 euros, 66 p.)
ISBN : 978-2-343-05055-3, ISBN EBOOK : 978-2-336-36475-9

MANUEL DES PROBABILITÉS OU MATHÉMATIQUES DE L'INCERTAIN
Laloire Jean-Claude - Préface de Michel Delecroix
Ce manuel présente les aspects pratiques de l'analyse des données et les aspects théoriques des probabilités. Cela permet à la fois de comprendre les phénomènes observés, d'en déduire une prévision et ainsi de se projeter vers l'avenir avec un maximum de sécurité. Les méthodes proposées s'appliquent aussi bien aux sciences humaines qu'aux sciences biologiques et médicales et sont mises en pratique à l'aide de nombreux exercices corrigés.
(48.00 euros, 504 p.)
ISBN : 978-2-343-04627-3, ISBN EBOOK : 978-2-336-36043-0

VALEUR (LA) DE L'ESPÈCE
La biodiversité en questions
Lherminier Philippe
Philippe Lherminier est généticien; il propose de s'interroger sans faux-semblant sur la valeur de l'espèce. Que perd-on lorsqu'une espèce s'éteint ? Quelle valeur disparaît ? Il y a de multiples réponses : l'espèce vaut parce qu'elle est utile ou inutile, abondante ou rare, connue ou inconnue, ancienne ou récente, proche ou lointaine, ressemblante ou différente de l'homme, comprise ou mystérieuse.
(Coll. Acteurs de la Science, 13.50 euros, 128 p.)
ISBN : 978-2-343-04141-4, ISBN EBOOK : 978-2-336-35913-7

QUESTIONNEMENTS D'UN OCÉANOGRAPHE
Une immersion dans le monde de la recherche et les questions éthiques qu'elle soulève
Pichevin Thierry
Ce livre décrit de l'intérieur le travail de recherche en océanographie physique de Thierry Pichevin, son contexte, ses méthodes et ses enjeux procurant ainsi au lecteur une immersion dans le quotidien d'un chercheur. D'autre part, il procède à l'analyse éthique rigoureuse des questionnements rencontrés, tout en montrant que tout chercheur peut être confronté à des questionnements comparables.
(22.00 euros, 226 p.)
ISBN : 978-2-343-03444-7, ISBN EBOOK : 978-2-336-35786-7

À L'OMBRE DES FORÊTS
Usages, images et imaginaires de la forêt
Sous la direction de Philippe Billet, Claire Harpet et Jean-Philippe Pierron
Qu'est-ce qu'une forêt ? De quoi sont faites les forêts ? Nous construisons tous une image de la forêt empreinte de vécus et d'imaginaires, procédant d'une accumulation de souvenirs, de connaissances et de représentations médiatiques et institutionnelles. A l'aune d'une prise de conscience de la finitude des ressources naturelles et du changement climatique, il est fondamental de savoir ce que la «forêt» veut dire.
(Coll. Éthique, droit et développement durable, 26.00 euros, 248 p.)
ISBN : 978-2-343-02807-1, ISBN EBOOK : 978-2-336-35819-2

UN BOTANISTE AUTOUR DU MONDE
Afrique, Amérique, Australie
Delange Yves
L'auteur, botaniste, nous invite à la découverte des différents milieux naturels peu connus des Européens, notamment ceux encore peu altérés par la civilisation et caractéristiques de formations extrêmement riches sur le plan de la diversité biologique, tels que les mattorales ou hauts plateaux mexicains, le bush, le veld et le fynbos en Afrique australe, ou encore le mulga, le mallee et la jarrah forest australiens.
(Coll. Biologie, écologie, agronomie, 25.00 euros, 256 p.)
ISBN : 978-2-343-03492-8, ISBN EBOOK : 978-2-336-35415-6

CHERCHEURS, ÉTHIQUES ET SOCIÉTÉS
L'avenir de l'avenir
Patrice Thierry
Peu appréhendée par les décideurs, la biologie conditionnera nos sociétés, les rapports entre les hommes, entre eux et l'environnement. Le monde de la recherche est mal connu, parfois mal aimé ou craint. Il semble donc utile d'instituer un débat pour préciser les objectifs, les moyens, l'information et la vulgarisation, la propriété des résultats et l'appréhension des conséquences de la recherche en biologie.
(Coll. Ethique et pratique médicale, 31.00 euros, 298 p.)
ISBN : 978-2-296-57790-9, ISBN EBOOK : 978-2-296-50418-9

CAMILLE ARAMBOURG. UN PALÉONTOLOGUE, DE L'ALGÉRIE À L'AFRIQUE PROFONDE
Hadjouis Djillali - Préface de Yves Coppens
Depuis les plaines sahéliennes d'Oran à la Vallée de l'Omo en Éthiopie, en passant par les côtes du littoral atlantique, jusqu'au Moyen-Orient, Camille Arambourg aura fait connaître, au cours de ses recherches, non seulement les fossiles de l'Afrique mais également ceux des autres régions du monde. Ce livre retrace le parcours de cet homme qui identifia plus de 230 taxons (familles, genres, espèces) de mammifères et de poissons.
(Coll. Acteurs de la Science, 25.00 euros, 242 p.)
ISBN : 978-2-296-96391-7

POUR UN RENOUVEAU DANS L'ENVIRONNEMENT
De l'antiscience à l'Intelligence Artificielle des systèmes complexes
Bouché Marcel B. - Préface de Richard Moreau
Nos institutions écartent toute évaluation environnementale sérieuse par la promotion d'une démarche antiscientifique. Ce livre décrit au contraire les démarches sérieuses des sciences et techniques et la problématique environnementale. La rigueur, qui fait habituellement défaut à ce secteur d'étude, est indispensable pour permettre l'Intelligence Artificielle appliquée rationnellement à nos évaluations environnementales et à la méthode scientifique dans les systèmes complexes.
(Coll. Biologie, écologie, agronomie, 38.00 euros, 384 p.)
ISBN : 978-2-296-96826-4

VOYAGES D'UN BOTANISTE EN EURASIE
France, Scandinavie, Italie, Grèce, Japon, Inde, Cambodge
Delange Yves
L'auteur, botaniste, nous présente ici nombre d'espèces végétales, à travers ses récits de voyages, des pays du nord de l'Europe jusque dans la lointaine Asie, avec des séjours dans différents espaces méditerranéens. Il livre également de nombreuses informations recueillies au cours de rencontres avec différentes cultures, concernant les productions agricoles, l'alimentation, les traditions culinaires, mais aussi diverses spiritualités vouées aux cultes de la nature, en Inde et en Extrême-Orient.
(Coll. Biologie, écologie, agronomie, 21.50 euros, 224 p.)
ISBN : 978-2-343-03491-1, ISBN EBOOK : 978-2-336-35416-3

COELACANTHE (LE), UNE ESPÈCE ANIMALE À L'ÉPREUVE DES MÉDIAS
Barrère Florent
Le coelacanthe est l'objet de bien des fantasmes : affaire commerciale dans les îles Comores ; course au «spécimen» naturalisé dans les muséums ; étude anatomique dans le seul but de conforter l'hypothèse du «grand-père de l'Homme»... Devenu à ses dépens vedette médiatique, le coelacanthe s'extraira de ce marasme par un retour à son objet scientifique initial : dans les années quatre-vingt, le coelacanthe est enfin filmé dans son milieu naturel.
(Coll. Champs visuels, 20.00 euros, 192 p.)
ISBN : 978-2-296-99785-1, ISBN EBOOK : 978-2-296-53096-6

RÉSEAUX (LES) DE NEURONES DE LA CONSCIENCE
Approche multidisciplinaire du phénomène
Rollet Guy
Cet ouvrage vise à la compréhension de la conscience. Il apparaît que les neurosciences computationnelles apportent incontestablement des éléments décisifs. Un réseau de neurones original est conçu pour coder une conscience *stricto sensu*, capable de raisonnement et de prise de décision. Celle-ci peut être orientée par les émotions. La capacité d'agir, la composition du Soi et la verbalisation de la pensée peuvent alors être envisagées.
(Coll. Biologie, écologie, agronomie, 25.00 euros, 240 p.)
ISBN : 978-2-336-00597-3, ISBN EBOOK : 978-2-296-51375-4

SCIENCE (LA), SYMPTÔME DE L'OCCIDENT
Le «comment» des impasses de la recherche scientifique occidentale
Thiebert Lawrence
Et si les scientifiques avaient trop compliqué leur processus de démonstration ? Et si la démonstration, peu concluante, s'embourbait simplement parce qu'elle relève en vrai d'un raisonnement paralogique psychiatrique tel que celui que l'on rencontre dans le discours du paranoïaque, discours logique certes mais qui part d'un postulat faux ? Nous sous-entendons ici que cette hypothèse est fort probable.
(Coll. Pensée Africaine, 13.00 euros, 116 p.)
ISBN : 978-2-296-97025-0, ISBN EBOOK : 978-2-296-50278-9

UNIVERS (L') FASCINANT DES INSECTES
Nos amis, nos ennemis
Mariau Dominique
Cet ouvrage aborde tous les aspects de la vie des insectes et les rôles essentiels qu'ils jouent dans la vie sur terre. Comment définit-on un insecte ? Depuis quand existent-ils ? Que connaît-on sur leurs organes des sens, leurs migrations, leur rôle, qu'il soit positif ou négatif ?
(Coll. Biologie, écologie, agronomie, 22.00 euros, 182 p.) *ISBN : 978-2-296-96144-9*

SCIENCE (LA), CREUSET DE L'INHUMANITÉ
Décoloniser l'imaginaire occidental
Royer Jean-Marc
En 1610, Galilée promeut un mode de connaissance qui se veut une lecture mathématique de l'Univers. Face à lui, l'Église. Un long combat s'engage alors, lois contre lois. Un siècle et demi plus tard, tandis que naît la fabrique industrielle basée sur le charbon, les philosophes optent pour ces «lumières». Ce savoir qui voulait mettre la subjectivité à distance aura réussi au-delà de toute espérance : c'est l'être humain que la rationalité calculatrice a rendu obsolète.
(Coll. Questions contemporaines, 23.00 euros, 218 p.)
ISBN : 978-2-296-96233-0

NATURE, TECHNOSCIENCES ET RATIONALITÉ
Le tryptique du bon sens
Makanga Blanchard
La résolution des problèmes écologiques qui touchent notre planète ne peut être l'exclusivité des technosciences et de l'écologie en tant que discipline scientifique. D'autres disciplines sont capables d'apporter des savoirs aussi sûrs et surtout moins risqués que ceux des sciences expérimentales. La philosophie se propose donc de le faire à travers, notamment, la réflexion éthique basée sur la morale stoïcienne, en faisant de l'environnement un nouvel objet d'étude.
(Coll. Sciences et Société, 23.50 euros, 236 p.)
ISBN : 978-2-296-96960-5

UNDO THE MATH !
How semiotic gaps warp thinking
Idelson Marc
In a study inspired by author's observation of the spiraling out of control use of mathematics by bankers, financiers and economists, the Western world's reliance on arithmetic and geometry is traced back, with support from the works of Medieval historian Alfred Crosby and of Anthropologist of Knowledge Paul Jorion, to its Medieval and Antiquity roots. The author bases on different areas such as philosophy with François Jullien's Chinese thought and Michel Bitbol with his epistemological reflections.
(Coll. Recherches en Gestion, 20.00 euros, 190 p.)
ISBN : 978-2-296-96993-3

L'HARMATTAN ITALIA
Via Degli Artisti 15; 10124 Torino
harmattan.italia@gmail.com

L'HARMATTAN HONGRIE
Könyvesbolt ; Kossuth L. u. 14-16
1053 Budapest

L'HARMATTAN KINSHASA
185, avenue Nyangwe
Commune de Lingwala
Kinshasa, R.D. Congo
(00243) 998697603 ou (00243) 999229662

L'HARMATTAN CONGO
67, av. E. P. Lumumba
Bât. – Congo Pharmacie (Bib. Nat.)
BP2874 Brazzaville
harmattan.congo@yahoo.fr

L'HARMATTAN GUINÉE
Almamya Rue KA 028, en face
du restaurant Le Cèdre
OKB agency BP 3470 Conakry
(00224) 657 20 85 08 / 664 28 91 96
harmattanguinee@yahoo.fr

L'HARMATTAN MALI
Rue 73, Porte 536, Niamakoro,
Cité Unicef, Bamako
Tél. 00 (223) 20205724 / +(223) 76378082
poudiougopaul@yahoo.fr
pp.harmattan@gmail.com

L'HARMATTAN CAMEROUN
BP 11486
Face à la SNI, immeuble Don Bosco
Yaoundé
(00237) 99 76 61 66
harmattancam@yahoo.fr

L'HARMATTAN CÔTE D'IVOIRE
Résidence Karl / cité des arts
Abidjan-Cocody 03 BP 1588 Abidjan 03
(00225) 05 77 87 31
etien_nda@yahoo.fr

L'HARMATTAN BURKINA
Penou Achille Some
Ouagadougou
(+226) 70 26 88 27

L'HARMATTAN SÉNÉGAL
10 VDN en face Mermoz, après le pont de Fann
BP 45034 Dakar Fann
33 825 98 58 / 33 860 9858
senharmattan@gmail.com / senlibraire@gmail.com
www.harmattansenegal.com

L'HARMATTAN BÉNIN
ISOR-BENIN
01 BP 359 COTONOU-RP
Quartier Gbèdjromèdé,
Rue Agbélenco, Lot 1247 I
Tél : 00 229 21 32 53 79
christian_dablaka123@yahoo.fr

Achevé d'imprimer par Corlet Numérique - 14110 Condé-sur-Noireau
N° d'Imprimeur : 131471 - Dépôt légal : septembre 2016 - *Imprimé en France*

www.ingramcontent.com/pod-product-compliance
Lightning Source LLC
LaVergne TN
LVHW011013061026
849535LV00006B/1851